工程质量提升与管理创新系列丛书

·建筑与市政工程施工现场专业人员能力提升培训教材·

安全管理
（安全员适用）

中国建筑业协会　组织编写

中国新兴集团有限责任公司
常州力航电气科技有限公司　主　编

中国建筑工业出版社

图书在版编目（CIP）数据

安全管理 ：安全员适用 / 中国建筑业协会组织编写 ；中国新兴集团有限责任公司，常州力航电气科技有限公司主编. -- 北京 ：中国建筑工业出版社，2025. 6.（工程质量提升与管理创新系列丛书）（建筑与市政工程施工现场专业人员能力提升培训教材）. -- ISBN 978-7-112-31194-1

Ⅰ．TU714

中国国家版本馆CIP数据核字第2025XL9169号

本书围绕建筑施工安全管理工作，结合现行国家法律法规、行业标准规范、工程实践管理经验及该领域未来发展态势、全面、系统地总结了建筑施工安全管理人员的素养及技能培训内容。全书共分为3篇，即基础篇、提升篇、创新篇，内容完整、层次分明、重点突出、为提升建筑施工安全管理人员的素养及技能水平提供了基础。

本书全面重点介绍了建筑施工过程中重大风险的分项工程安全管理重点及标准规定的要求，突出了相关专业领域的难点问题及其解决措施，适当探索智慧工地赋能安全管理，提出智慧管理平台搭建、风险实时预警、绿色施工优化等方案，展现数字化工具在隐患排查、教育培训中的高效应用。知识体系清晰、完整，内容丰富、重点突出、图文并茂，可供建筑施工安全管理人员、项目经理和技术负责人的培训使用，也可作为土木工程专业的学生教材或教学参考书。

责任编辑：赵云波
责任校对：张　颖

工程质量提升与管理创新系列丛书

·建筑与市政工程施工现场专业人员能力提升培训教材·

安全管理

（安全员适用）

中国建筑业协会　组织编写

中国新兴集团有限责任公司

常州力航电气科技有限公司　主　编

*

中国建筑工业出版社出版、发行（北京海淀三里河路9号）

各地新华书店、建筑书店经销

北京鸿文瀚海文化传媒有限公司制版

廊坊市文峰档案印务有限公司印刷

*

开本：787毫米×1092毫米　1/16　印张：8　字数：157千字

2025年8月第一版　　2025年8月第一次印刷

定价：**35.00元**

ISBN 978-7-112-31194-1

（45204）

丛书指导委员会

主　任：齐　骥

副主任：吴慧娟　刘锦章　朱正举　岳建光　景　万

丛书编委会

主　任：景　万　高延伟

副主任：钱增志　张晋勋　金德伟　陈　浩　陈硕晖

委　员：（按姓氏笔画排序）

上官越然　马　鸣　王　喆　王凤起　王超慧　包志钧　冯　森

邢作国　刘润林　安云霞　孙肖琦　李　杰　李　康　李　超

李　慧　李太权　李兰贞　李思琦　李崇富　张选兵　赵云波

胡　洁　查　进　徐　晗　徐卫星　徐建荣　高　彦　隋伟旭

葛又畅　董丹丹　董年才　程树青　温　军　熊晓明　燕斯宁

本书编委会

主　编：李太权　徐卫星

副主编：杨　杰　张　晓　王　军

参　编：（按姓氏笔画排序）

王凤起　王聪聪　石文扬　付路桥　包锦容　包熠奇　刘耀飞

关　婧　杜永健　李宗亮　杨金锋　汪　玲　宋光明　张　晶

张希望　陈　雄　周　悦　周庆辉　姚　斌　耿思翔　徐佳纬

徐晓龙　黄　谦　黄伟波　曹　伟　彭玉龙　曾红兵　端木沈俊

　　建筑与市政工程施工现场专业人员（以下简称施工现场专业人员）是工程建设项目现场技术和管理关键岗位的重要专业技术人员，其人员素质和能力直接影响工程质量和安全生产，是保障工程安全和质量的重要因素。为进一步完善施工现场专业人员能力体系，提高工程施工效率，切实保证工程质量，中国建筑业协会、中国建筑工业出版社联合组织行业龙头企业、地方学协会等共同编写了本套丛书，按岗位编写，共18个分册。为了高质量编写好本套丛书，成立了编写委员会，从2022年8月启动，先后组织了四次编写和审定会议，大家集思广益，几易其稿，力争内容适度，技术新颖，观点明确，符合施工现场专业技术人员能力提升需要。

　　各分册包括基础篇、提升篇和创新篇等内容。其中，基础篇介绍了岗位人员基本素养及工作流程，描述了本岗位应知、应会的知识；提升篇聚焦工作中常见的、易忽略的重（难）点问题，提出了前置防范措施和问题发生后的解决方案，实际指导施工现场工作；创新篇围绕工业化、数字化、绿色化等行业发展方向，展示了本岗位领域较为成熟、经济适用且推广价值高的创新应用。整套教材突出实用性和适用性，力求反映施工一线对施工现场专业人员的能力要求。在编写和出版形式上，对重要的知识难点或核心知识点，采用图文并茂的方式来呈现，方便读者学习和阅读，提高本套丛书的可读性和趣味性。

期望本套丛书的出版，能促进从业人员能力素质提升，助力住房和城乡建设事业实现高质量发展。编写过程中，难免有不足之处，敬请各培训机构、教师和广大学员，多提宝贵意见，以便进一步修订完善。

前言

　　建筑业作为国民经济的重要支柱产业，其安全生产直接关系到人民生命财产安全和社会稳定。然而，施工现场环境复杂、风险多样，安全员作为一线安全管理的核心力量，既需扎实的法律法规知识，又需应对脚手架、临时用电、高处作业等专业领域的技术难点，更需在智慧化发展趋势下掌握创新管理手段。基于此，本教材立足行业需求，结合现行规范与实践经验，系统梳理安全员的职业能力框架，旨在为建筑施工安全员提供一套兼具理论深度、实用价值和前瞻视野的培训指南。

　　近年来，国家相继出台《中华人民共和国安全生产法》（以下简称《安全生产法》）、《建设工程安全生产管理条例》等法律法规，明确安全员在隐患排查、教育培训、应急管理中的核心职责。但现实中，安全员仍面临专业知识碎片化、技术难点应对不足、智慧化管理经验匮乏等挑战。为此，本教材以"夯实基础、突破难点、引领创新"为主线，整合行业专家经验与典型事故案例，构建从基础素养到高阶技能的全方位知识体系，帮助安全员实现从"合规执行"到"主动防控"的跨越。教材分为基础篇、提升篇和创新篇三大模块，层层递进，覆盖安全员职业发展的全周期需求。基础篇聚焦法律框架与岗位核心能力，系统梳理《安全生产法》等法律要求，明确安全员的法律责任与履职边界，细化人员配备标准、安全费用管理、应急准备等实操要点，规范日常管理流程。提升篇破解八大高风险领域技术难题，针对脚手架、临时用电、高处作业等事故高发环节，深入解析规范条文背后的技术逻辑。创新篇探索智慧工地赋能安全管理，提出智慧管理平台搭建、风险实时预警、绿色施工优化等方案，展现数字化工具在隐患排查、教育培训中的高效应用。

本教材适用于建筑施工企业安全员岗位培训、继续教育及日常参考，亦可作为项目经理、技术负责人的安全管理工具书。本书在编写过程中具有以下特点：（1）法规与实操并重。每章嵌入《建筑施工安全检查标准》JGJ 59-2011等现行标准规范要点，辅以流程图、检查表等工具，实现"左手知识、右手技能"。（2）案例驱动学习。通过模板坍塌、起重机械事故等典型案例分析，强化"血的教训"警示作用，培养安全员的风险预判与应急处置能力。（3）内容简洁明了。知识讲解深度循序渐进，内容表达灵活新颖，便于学习掌握。

本书在编写过程中得到多位资深安全工程师、行业专家及一线项目管理者的支持，部分内容参考有关专家、学者的研究成果。由于编写水平有限，书中不足之处，真诚欢迎广大读者提出宝贵的意见和建议。

编　者

2025年4月

目录

基础篇

提升篇

创 新 篇

基础篇

第1章　基本素养

1.1　统一要求

安全员应在职业资历、岗位基本能力、组织管理能力、专业技术能力、职业道德、规范标准的学习掌握等方面满足项目建设管理的需要。

职业资历：包括学历、职称、工龄等。学历是履行岗位职责所要求的最低文化水平；职称是履行岗位职责所要求的最低专业技术水平；工龄是能胜任岗位所需要的工作经历。

岗位基本能力：语言表达能力，观察判断能力，沟通能力，计算机应用能力，获取信息能力，改进、创新能力，自主学习能力等。

组织管理能力：决策能力，计划能力，组织能力，控制能力，协调能力，指挥能力，执行能力，分析能力等。

专业技术能力：专业技术基础能力，施工技术应用能力，解决工程项目施工技术难题的能力。

职业道德：有大局意识，团结协作精神，作风正派，廉洁自律，坚持原则，秉公办事。

学习能力：需熟悉国家有关现行方针、政策、法律、法规、规范标准和企业规章制度，具备及时、果断处理突发事件和各种复杂问题的能力。

1.2　职业要求

1.2.1　工作职责

中华人民共和国住房和城乡建设部（以下简称住建部）发布的《建筑与市政工程施工现场专业人员职业标准》JGJ/T 250—2011规定了安全员的工作职责，见表1-1。

安全员的工作职责　　　　　　　　　　　　　　表 1-1

项次	分类	主要工作职责
1	项目安全策划	（1）参与制定项目安全生产管理计划。 （2）参与建立安全生产责任制度。 （3）参与制定施工现场安全事故应急救援预案
2	资源环境安全检查	（4）参与开工前安全条件检查。 （5）参与施工机械、临时用电、消防设施等的安全检查。 （6）负责防护用品和劳保用品的符合性审查。 （7）负责作业人员的安全教育培训和特种作业人员资格审查
3	作业安全管理	（8）参与编制危险性较大的分部分项工程专项施工方案。 （9）参与施工安全技术交底。 （10）负责施工作业安全及消防安全的检查和危险源的识别，对违章作业和安全隐患进行处置。 （11）参与施工现场环境监督管理
4	安全事故处理	（12）参与组织安全事故应急救援演练及事故救援工作。 （13）参与安全事故的调查分析
5	安全资料管理	（14）负责安全生产的记录、安全资料的编制。 （15）负责汇总、整理、移交安全资料

　　建筑安全员在建筑施工过程中须与各个部门及时沟通，实时跟踪施工现场全过程的安全管理工作，要以《安全生产法》为基础，相关建筑法律、法规、规章及行业标准为指导，承担保卫施工现场作业人员生命健康安全以及项目安全生产的责任。

　　建筑安全员承担着施工现场安全隐患排查和安全资料收集整理的工作，在整个项目施工过程中，参与各项验收、安全技术方案交底、人员入场三级教育以及各项施工现场安全管理制度的制定等相关管理工作；施工现场安全管理资料包含绿色施工资料、脚手架工程资料、模板工程资料、装配式工程资料、安全防护资料、临时用电资料、建筑机械安全资料、消防保卫资料等。

　　一名合格的安全员，必须牢记工作职责，具备一定的专业技能和专业知识，同时不断更新所学的专业技能知识，虚心学习，提升职业素养和道德水准，在工作中要有较强的责任心，耐心细致，脚踏实地，才能保障施工现场安全工作的顺利进行。安全员应始终将保障建筑工人的生命健康安全作为自己的核心职责使命。

　　《建筑施工企业主要负责人、项目负责人和专职安全生产管理人员安全生产管理规定实施意见》中将专职安全生产管理人员分为机械（C1）、土建（C2）、综合（C3）三类。机械类专职安全生产管理人员可以从事起重机械、土石方机械、桩工机械等安全生产管理工作。土建类专职安全生产管理人员可以从事除起重机械、土石方机械、桩工机械等安全生产管理工作以外的安全生产管理工作。综合类专职安全生产管理人员可以从事全部安全生产管理工作。

1.2.2 专业技能

（1）通用专业技能要求见表1-2。

安全员的专业技能要求 表 1-2

项次	分类	专业技能
1	项目安全策划	（1）能够参与编制项目安全生产管理计划。 （2）能够参与编制安全事故应急救援预案
2	资源环境安全 检查	（3）能够参与对施工机械、临时用电、消防设施进行安全检查，对防护用品与劳保用品进行符合性判断。 （4）能够组织实施项目作业人员的安全教育培训
3	作业安全管理	（5）能够参与编制安全专项施工方案。 （6）能够参与编制安全技术交底文件，并实施安全技术交底。 （7）能够识别施工现场危险源，并对安全隐患和违章作业进行处置。 （8）能够参与项目文明工地、绿色施工管理
4	安全事故处理	（9）能够参与安全事故的救援处理、调查分析
5	安全资料管理	（10）能够编制、收集、整理施工安全资料

（2）管理技能要求见表1-3。

三类安全员的管理技能要求 表 1-3

项次	分类	管理技能
1	机械类 （C1类）	（1）能够贯彻执行建筑施工安全生产的方针政策、法律法规、规章制度和标准规范。 （2）能够对施工现场进行检查、巡查，查处建筑起重机械、升降设备、施工机械机具等方面违反安全生产规范标准、规章制度行为，监督落实安全隐患的整改。 （3）能够发现生产安全事故隐患，及时向项目负责人和安全生产管理机构报告并协助消除生产安全事故隐患。 （4）能够制止现场相关专业违章指挥、违章操作、违反劳动纪律等行为。 （5）能够监督相关专业施工方案、技术措施和技术交底的执行情况，督促安全技术资料的整理、归档。 （6）能够检查相关专业作业人员安全教育培训和持证上岗的情况。 （7）能够在发生事故后，参加抢救、救护和及时如实报告事故、积极配合事故的调查处理
2	土建类 （C2类）	（1）能够贯彻执行建筑施工安全生产的方针政策、法律法规、规章制度和标准规范。 （2）能够对施工现场进行检查、巡查，查处模板支撑、脚手架和土方基坑工程、施工临时用电、高处作业、电气焊（割）作业和季节性施工违规情况，以及施工现场生产生活设施、现场消防和文明施工等方面违反安全生产规范标准、规章制度行为，监督落实安全隐患的整改情况。 （3）能够发现生产安全事故隐患，及时向项目负责人和安全生产管理机构报告生产安全事故隐患。 （4）能够制止现场违章指挥、违章操作、违反劳动纪律等行为情况。 （5）能够监督相关专业施工方案、技术措施和技术交底的执行情况，督促安全技术资料的整理、归档情况。 （6）能够检查相关专业作业人员安全教育培训和持证上岗情况。 （7）能够在发生事故后，参加救援、救护和及时如实报告事故、积极配合事故的调查处理

续表

项次	分类	管理技能
3	综合类 （C3类）	（1）能够贯彻执行建筑施工安全生产的方针政策、法律法规、规章制度和标准规范。 （2）能够对施工现场进行检查、巡查，查处建筑起重机械、升降设备、施工机械机具等方面违反安全生产规范标准、规章制度行为，监督落实安全隐患的整改情况；对施工现场进行检查、巡查，查处模板支撑、脚手架和土方基坑工程、施工临时用电、高处作业、电气焊（割）作业和季节性施工，以及施工现场生产生活设施、现场消防和文明施工等方面违反安全生产规范标准、规章制度行为，监督落实安全隐患的整改情况。 （3）能够发现生产安全事故隐患，及时向项目负责人和安全生产管理机构报告并协助消除生产安全事故隐患。 （4）能够制止现场违章指挥、违章操作、违反劳动纪律等行为。 （5）能够监督相关专业施工方案、技术措施和技术交底的执行情况，督促安全技术资料的整理、归档。 （6）能够检查施工现场作业人员安全教育培训和持证上岗情况。 （7）能够在发生事故后，参加抢救、救护和及时如实报告事故、积极配合事故的调查处理

1.2.3 专业知识

（1）通用专业知识要求见表1-4。

安全员的专业知识要求 表1-4

项次	分类	专业知识
1	通用知识	（1）熟悉国家工程建设相关法律法规。 （2）熟悉工程材料的基本知识。 （3）熟悉施工图识读的基本知识。 （4）了解工程施工工艺和方法。 （5）熟悉工程项目管理的基本知识
2	基础知识	（6）了解建筑力学的基本知识。 （7）熟悉建筑构造、建筑结构和建筑设备的基本知识。 （8）掌握环境与职业健康管理的基本知识
3	岗位知识	（9）熟悉与本岗位相关的标准和管理规定。 （10）掌握施工现场安全管理知识。 （11）熟悉施工项目安全生产管理计划的内容和编制方法。 （12）熟悉安全专项施工方案的内容和编制方法。 （13）掌握施工现场安全事故的防范知识。 （14）掌握安全事故救援处理知识

（2）三类安全员的专业知识要求见表1-5。

三类安全员的专业知识要求 表1-5

项次	分类	专业知识
1	机械类（C1类）	（1）建筑施工安全生产的方针政策、法律法规、规章制度和标准规范。 （2）建筑施工安全生产管理、工程项目施工安全生产管理的基本理论和基础知识。 （3）工程建设各方主体的安全生产法律义务与法律责任。 （4）掌握企业、工程项目安全生产责任制和安全生产管理制度。 （5）掌握安全生产保证体系、资质资格、费用保险、教育培训、机械设备、防护用品、评价考核等管理内容。 （6）掌握危险性较大的分部分项工程、危险源辨识、安全技术交底和安全技术资料等安全技术管理内容。 （7）施工现场安全检查、隐患排查与安全生产标准化。 （8）场地管理与文明施工。 （9）事故应急救援和事故报告、调查与处理。 （10）起重吊装、土方与筑路机械、建筑起重与升降机械设备，以及混凝土、木工、钢筋和桩工机械等安全技术要点。 （11）国内外安全生产管理经验。 （12）机械类典型事故案例分析
2	土建类（C2类）	（1）建筑施工安全生产的方针政策、法律法规和标准规范。 （2）建筑施工安全生产管理、工程项目施工安全生产管理的基本理论和基础知识。 （3）工程建设各方主体的安全生产法律义务与法律责任。 （4）掌握企业、工程项目安全生产责任制和安全生产管理制度。 （5）掌握安全生产保证体系、资质资格、费用保险、教育培训、机械设备、防护用品、评价考核等管理内容。 （6）掌握危险性较大的分部分项工程、危险源辨识、安全技术交底和安全技术资料等安全技术管理内容。 （7）施工现场安全检查、隐患排查与安全生产标准化。 （8）场地管理与文明施工。 （9）事故应急救援和事故报告、调查与处理。 （10）模板支撑工程、脚手架工程、土方基坑工程、施工临时用电、高处作业、电气焊（割）作业、现场防火和季节性施工等安全技术要点。 （11）国内外安全生产管理经验。 （12）土建类典型事故案例分析
3	综合类（C3类）	（1）建筑施工安全生产的方针政策、法律法规、规章制度和标准规范。 （2）建筑施工安全生产管理、工程项目施工安全生产管理的基本理论和基础知识。 （3）工程建设各方主体的安全生产法律义务与法律责任。 （4）掌握企业、工程项目安全生产责任制和安全生产管理制度。 （5）掌握安全生产保证体系、资质资格、费用保险、教育培训、机械设备、防护用品、评价考核等管理内容。 （6）掌握危险性较大的分部分项工程、危险源辨识、安全技术交底和安全技术资料等安全技术管理内容。 （7）施工现场安全检查、隐患排查与安全生产标准化。 （8）场地管理与文明施工。 （9）事故应急救援和事故报告、调查与处理。 （10）起重吊装、土方与筑路机械、建筑起重与升降机械设备，以及混凝土、木工、钢筋和桩工机械等安全技术要点；模板支撑工程、脚手架工程、土方基坑工程、施工临时用电、高处作业、电气焊（割）作业、现场防火和季节性施工等安全技术要点。 （11）国内外安全生产管理经验。 （12）典型事故案例分析

1.3 人员配备要求

根据《建筑施工企业主要负责人、项目负责人和专职安全生产管理人员安全生产管理规定》中华人民共和国住房和城乡建设部令第17号相关规定，建筑施工企业安管人员主要包含：主要负责人、项目负责人和专职安全生产管理人员。

企业主要负责人，是指对本企业生产经营活动和安全生产工作具有决策权的领导人员；项目负责人，是指取得相应注册执业资格，由企业法定代表人授权，负责具体工程项目管理的人员；专职安全生产管理人员，是指在企业专职从事安全生产管理工作的人员，包括企业安全生产管理机构的人员和工程项目专职从事安全生产管理工作的人员。

根据《建筑施工企业安全生产管理机构设置及专职安全生产管理人员配备办法》建质〔2008〕91号相关规定，建筑施工企业安全生产管理机构专职安全生产管理人员的配备应满足表1-6的要求，并应根据企业经营规模、设备管理和生产需要予以增加。

建筑施工企业专职安全生产管理人员配备要求表　　　　表1-6

企业规模	施工总承包资质			专业承包资质		劳务分包资质	分公司、区域公司等分支机构
	特级	一级	二级及以下	一级	二级及以下		
配备人数（人）	≥6	≥4	≥3	≥3	≥2	≥2	≥2

总承包单位配备项目专职安全生产管理人员应当满足表1-7的要求。

总承包单位项目专职安全生产管理人员配备要求表　　　　表1-7

工程类型	建筑工程、装修工程			土木工程、线路管道、设备安装工程		
	< 10000m²	10000～50000m²	≥ 50000m²	< 5000 万元	5000 万～1 亿元	≥1 亿元
配备人数（人）	≥1	≥2	≥3	≥1	≥2	≥3

备注：以上专职安全生产管理人员配备还应按专业进行配备

分包单位配备项目专职安全生产管理人员应当满足表1-8的要求。

分包单位项目专职安全生产管理人员配备要求表　　　　表1-8

分包单位类型	专业承包	劳务分包		
		< 50 人	50～200 人	≥ 200 人
配备人数（人）	≥1	≥1	≥2	≥3

备注：根据所承担的分部分项工程的工程量和施工危险程度增加，且劳务分包不得少于工程施工人员总人数的5‰

采用新技术、新工艺、新材料或致害因素多、施工作业难度大的工程项目，项目专职安全生产管理人员的数量应当根据施工实际情况，在配备标准上增加。

住房城乡建设部《建筑施工企业主要负责人、项目负责人和专职安全生产管理人员安全生产管理规定实施意见》建质〔2015〕206号中要求建筑施工企业安全生产管理机构和建设工程项目中，应当既有可以从事起重机械、土石方机械、桩工机械等安全生产管理工作的专职安全生产管理人员，也有可以从事除起重机械、土石方机械、桩工机械等安全生产管理工作以外的安全生产管理工作的专职安全生产管理人员。

此外，如北京市住房和城乡建设委员会《关于进一步强化建筑施工企业安全生产主体责任的通知》，山东省人民政府办公厅《山东省生产经营单位安全总监制度实施办法（试行）》，广东省深圳市人民政府《深圳市生产经营单位安全生产主体责任规定》等地方文件在安全总监岗位设置上也提出了相关要求，明确了其职责和任职条件。

1.4 基本知识

1.4.1 安全生产法律法规

安全生产事关人民群众生命财产安全，事关经济发展和社会稳定大局。安全生产立法是安全生产法治建设的前提和基础，安全生产法治建设是做好安全生产工作的重要制度保障。安全生产贯穿于生产经营活动的各个行业领域，各种社会关系复杂，这就需要针对不同行业领域的不同特点以及各种突出的安全生产问题，制定内容不同、形式不同的安全生产法律规范。

（1）常见相关法律

《中华人民共和国安全生产法》

《中华人民共和国民法典》

《中华人民共和国刑法》

《中华人民共和国建筑法》

《中华人民共和国消防法》

《中华人民共和国特种设备安全法》

《中华人民共和国劳动法》

《中华人民共和国突发事件应对法》

《中华人民共和国职业病防治法》等。

（2）常见相关行政法规

《建设工程安全生产管理条例》

《生产安全事故报告和调查处理条例》

《安全生产许可证条例》

《生产安全事故应急条例》

《工伤保险条例》

各地方安全生产条例等。

（3）常见相关部门规章

《危险性较大的分部分项工程安全管理规定》

《建筑施工企业安全生产许可证管理规定》

《生产经营单位安全培训规定》

《安全生产培训管理办法》

《特种作业人员安全技术培训考核管理规定》

《特种作业人员监督管理办法》

《安全生产事故隐患排查治理暂行规定》

《生产安全事故应急预案管理办法》

《生产安全事故信息报告和处置办法》

《建设工程消防监督管理规定》

《建筑施工企业安全生产许可证管理规定》

《建筑起重机械安全监督管理规定》

《建筑施工企业主要负责人、项目负责人和专职安全生产管理人员安全生产管理规定》

《房屋市政工程生产安全重大事故隐患判定标准》

《建筑工程施工许可管理办法》

《房屋建筑和市政基础设施工程施工分包管理办法》

《城市地下管线工程档案管理办法》等。

此外，《中华人民共和国安全生产法》第十一条规定：生产经营单位必须执行依法制定的保障安全生产的国家标准或者行业标准。可见，我国安全生产国家标准和行业标准可视为安全生产法律体系的重要组成部分，地方政府制定了大量地方标准，在安全生产工作中也同样发挥着关键的作用，需要安全生产管理人员遵守执行。

1.4.2　安全培训教育

根据《建设工程安全生产管理条例》相关规定：

施工单位的主要负责人、项目负责人、专职安全生产管理人员应当经建设行政主管部门或者其他有关部门考核合格后方可任职。施工单位应当对管理人员和作业人员每年至少进行一次安全生产教育培训，其教育培训情况记入个人工作档案。安全生产教育培训考核不合格的人员，不得上岗。作业人员进入新的岗位或者新的施工现场前，应当接受安全生产教育培训。未经教育培训或者教育培训考核不合格的人员，不得上岗作业。施工单位在采用新技术、新工艺、新设备、新材料时，应当对作业人员进行相应的安全生产教育培训。

根据《建筑施工企业安全生产管理规范》GB 50656—2011和《关于印发〈建筑施工特种作业人员管理规定〉的通知》建质〔2008〕75号相关规定：

建筑业企业职工每年必须接受一次专门的安全培训。

（1）企业法定代表人、项目经理每年接受安全培训的时间，不得少于30学时；

（2）企业专职安全管理人员取得岗位合格证书并持证上岗外，每年还必须接受安全专业技术业务培训，时间不得少于40学时；

（3）企业其他管理人员和技术人员每年接受安全培训的时间，不得少于20学时；

（4）企业特殊工种（包括电工、焊工、架子工、司炉工、爆破工、机械操作工、起重工、塔吊司机及指挥人员、人货两用电梯司机等）在通过专业技术培训并取得岗位操作证后，每年仍须接受有针对性的安全培训，时间不得少于20学时；

（5）企业其他职工每年接受安全培训的时间，不得少于15学时；

（6）企业待岗、转岗、换岗的职工，在重新上岗前，必须接受一次安全培训，时间不得少于20学时。

建筑业企业新进场的工人，必须接受公司、项目（或工区、工程处、施工队，下同）、班组的三级安全培训教育，经考核合格后，方能上岗。

（1）公司安全培训教育的主要内容是：国家和地方有关安全生产的方针、政策、法规、标准、规范、规程和企业的安全规章制度等。培训教育的时间不得少于15学时；

（2）项目安全培训教育的主要内容是：工地安全制度、施工现场环境、工程施工特点及可能存在的不安全因素等。培训教育的时间不得少于15学时；

（3）班组安全培训教育的主要内容是：本工种的安全操作规程、事故案例剖析、劳动纪律和岗位讲评等。培训教育的时间不得少于20学时。

1.4.3　安全生产费用

安全生产费用管理应包括资金的提取、申请、审核、审批、支付、使用、统计、分析、审计检查等工作内容。施工企业应按规定提取安全生产所需的费用。安全生产费用应包括安全技术措施、安全教育培训、劳动保护、应急准备等，以及必要的安全评价、监测、检测、论证所需费用。施工企业各管理层应根据安全生产管理需要，编制安全生产费用使用计划，明确费用使用的项目、类别、额度、实施单位及责任者、完成期限等内容，并应经审核批准后执行。

中华人民共和国财政部应急部在《关于印发〈企业安全生产费用提取和使用管理办法〉的通知》（财资〔2022〕136号）中对建筑工程施工企业的安全生产费用的提取和使用作出了明确规定：

第十七条　建设工程施工企业以建筑安装工程造价为依据，于月末按工程进度计算提取企业安全生产费用。提取标准如下：

（一）矿山工程3.5%；

（二）铁路工程、房屋建筑工程、城市轨道交通工程3%；

（三）水利水电工程、电力工程2.5%；

（四）冶炼工程、机电安装工程、化工石油工程、通信工程2%；

（五）市政公用工程、港口与航道工程、公路工程1.5%。

建设工程施工企业编制投标报价应当包含并单列企业安全生产费用，竞标时不得删减。国家对基本建设投资概算另有规定的，从其规定。

本办法实施前建设工程项目已经完成招标投标并签订合同的企业安全生产费用按照原规定提取标准执行。

第十九条　建设工程施工企业安全生产费用应当用于以下支出：

（一）完善、改造和维护安全防护设施设备支出（不含"三同时"要求初期投入的安全设施），包括施工现场临时用电系统、洞口或临边防护、高处作业或交叉作业防护、临时安全防护、支护及防治边坡滑坡、工程有害气体监测和通风、保障安全的机械设备、防火、防爆、防触电、防尘、防毒、防雷、防台风、防地质灾害等设施设备支出；

（二）应急救援技术装备、设施配置及维护保养支出，事故逃生和紧急避难设施设备的配置和应急救援队伍建设、应急预案制修订与应急演练支出；

（三）开展施工现场重大危险源检测、评估、监控支出，安全风险分级管控和事故隐患排查整改支出，工程项目安全生产信息化建设、运维和网络安全支出；

（四）安全生产检查、评估评价（不含新建、改建、扩建项目安全评价）、咨询和标准化建设支出；

（五）配备和更新现场作业人员安全防护用品支出；

（六）安全生产宣传、教育、培训和从业人员发现并报告事故隐患的奖励支出；

（七）安全生产适用的新技术、新标准、新工艺、新装备的推广应用支出；

（八）安全设施及特种设备检测检验、检定校准支出；

（九）安全生产责任保险支出；

（十）与安全生产直接相关的其他支出。

根据《关于印发〈建筑工程安全防护、文明施工措施费用及使用管理规定〉的通知》建办〔2005〕89号相关规定：

第三条　安全防护、文明施工措施费用，是指按照国家现行的建筑施工安全、施工现场环境与卫生标准和有关规定，购置和更新施工安全防护用具及设施、改善安全生产条件和作业环境所需要的费用。

第七条　建设单位与施工单位在施工合同中对安全防护、文明施工措施费用预付、支付计划未作约定或约定不明的，合同工期在一年以内的，建设单位预付安全防护、文明施工措施项目费用不得低于该费用总额的50%；合同工期在一年以上的（含一年），预付安全防护、文明施工措施费用不得低于该费用总额的30%，其余费用应当按照施工进度支付。

实行工程总承包的，总承包单位依法将建筑工程分包给其他单位的，总承包单位与分包单位应当在分包合同中明确安全防护、文明施工措施费用由总承包单位统一管理。安全防护、文明施工措施由分包单位实施的，由分包单位提出专项安全防护措施及施工方案，经总承包单位批准后及时支付所需费用。

第八条　建设单位申请领取建筑工程施工许可证时，应当将施工合同中约定的安全防护、文明施工措施费用支付计划作为保证工程安全的具体措施提交建设行政主管部门。未提交的，建设行政主管部门不予核发施工许可证。

第十条　工程监理单位应当对施工单位落实安全防护、文明施工措施情况进行现场监理。对施工单位已经落实的安全防护、文明施工措施，总监理工程师或者造价工程师应当及时审查并签认所发生的费用。监理单位发现施工单位未落实施工组织设计及专项施工方案中安全防护和文明施工措施的，有权责令其立即整改；对施工单位拒不整改或未按期限要求完成整改的，工程监理单位应当及时向建设单位和建设行政主管部门报告，必要时责令其暂停施工。

第十一条　施工单位应当确保安全防护、文明施工措施费专款专用，在财务管理中单独列出安全防护、文明施工措施项目费用清单备查。施工单位安全生产管理机构和专职安全生产管理人员负责对建筑工程安全防护、文明施工措施的组织实施进行现场监督检查，并有权向建设主管部门反映情况。

第十四条 施工单位挪用安全防护、文明施工措施费用的，由县级以上建设主管部门依据《建设工程安全生产管理条例》第六十三条规定，责令限期整改，处挪用费用20%以上50%以下的罚款；造成损失的，依法承担赔偿责任。

1.4.4 劳动防护用品

劳动防护用品的配备，应按照"谁用工，谁负责"的原则，由用人单位为作业人员按作业工种配备。

建设单位应保证施工企业安全措施实施的费用，并应督促施工企业使用合格的劳动防护用品。

建筑施工企业应选定劳动防护用品的合格供货方，为作业人员配备的劳动防护用品必须符合国家有关标准，应具备生产许可证、产品合格证等相关资料。经本单位安全生产管理部门审查合格后方可使用。建筑施工企业不得采购和使用无厂家名称、无产品合格证、无安全标志的劳动防护用品。

建筑施工企业应建立健全劳动防护用品购买、验收、保管、发放、使用、更换、报废管理制度。在劳动防护用品使用前，应对其防护功能进行必要的检查。

建筑施工企业应教育从业人员按照劳动防护用品使用规定和防护要求，正确使用劳动防护用品。

建筑施工企业应对危险性较大的施工作业场所及具有尘毒危害的作业环境设置安全警示标识和应使用的安全防护用品标识牌。

劳动防护用品的使用年限应按国家现行相关标准执行。劳动防护用品达到使用年限或报废标准的应由建筑施工企业统一收回报废，并应为作业人员配备新的劳动防护用品。劳动防护用品有定期检测要求的应按照其产品的检测周期进行检测。

1.4.5 安全标志

根据《安全标志及其使用导则》GB 2894—2008相关规定，标志类型分为：禁止标志、警告标志、指令标志和提示标志。

禁止标志：基本形式是带斜杠的圆边框。

警告标志：基本形式是正三角形边框。

指令标志：基本形式是圆形边框。

提示标志：基本形式是正方形。提示标志提示目标的位置时要加方向辅助标志。按实际需要指示左向时，辅助标志应放在图形标志的左方；如指示右向时，则应放在图形标志的右方。

文字辅助标志：

文字辅助标志的基本形式是矩形边框；文字辅助标志有横写和竖写两种形式。

横写时，文字辅助标志写在标志的下方，可以和标志连在一起，也可以分开。禁止标志、指令标志为白色字；警告标志为黑色字，禁止标志、指令标志衬底色为标志的颜色，警告标志衬底色为白色。

竖写时，文字辅助标志写在标志杆的上部。禁止标志、警告标志、指令标志、提示标志均为白色衬底，黑色字。标志杆下部色带的颜色应和标志的颜色相一致。

安全标志所用的颜色应符合《安全色》GB 2893—2008规定的颜色。

标志牌设置的高度，应尽量与人眼的视线高度相一致，悬挂式和柱式的环境信息标志牌的下缘距地面的高度不宜小于2m，局部信息标志的设置高度应视具体情况确定。

安全标志的使用要求：

（1）标志牌应设在与安全有关的醒目地方，并使大家看见后，有足够的时间来注意它所表示的内容。环境信息标志宜设在有关场所的入口处和醒目处；局部信息标志应设在所涉及的相应危险地点或设备（部件）附近的醒目处。

（2）标志牌不应设在门、窗、架等可移动的物体上，以免标志牌随母体物体相应移动，影响认读。标志牌前不得放置妨碍认读的障碍物。

（3）标志牌的平面与视线夹角应接近90°，观察者位于最大观察距离时，最小夹角不低于75°。

（4）标志牌应设置在明亮的环境中。多个标志牌在一起设置时，应按警告、禁止、指令、提示类型的顺序，先左后右、先上后下地排列。标志牌的固定方式分附着式、悬挂式和柱式三种。悬挂式和附着式的固定应稳固不倾斜，柱式的标志牌和支架应牢固地连接在一起。其他要求应符合《公共信息导向系统 设置原则与要求 第1部分：总则》GB/T 15566.1的规定。

检查与维修：安全标志牌至少每半年检查一次，如有发现破损、变形、褪色等不符合要求时应及时修整或更换。

1.4.6　建筑施工安全检查

根据中华人民共和国行业标准《建筑施工安全检查标准》JGJ 59—2011相关规定：检查评定项目包含安全管理、文明施工、扣件式钢管脚手架、门式钢管脚手架、碗扣式钢管脚手架、承插型盘扣式钢管脚手架、满堂脚手架、悬挑式脚手架、附着式升降脚手架、高处作业吊篮、基坑工程、模板支架、高处作业、施工用电、物料提升机、施工升降机、塔式起重机、起重吊装、施工机具。

1.4.7　施工现场应急准备

（1）应急预案

施工单位应制定的应急预案分为综合应急预案、专项应急预案和现场处置方案。

综合应急预案，是指生产经营单位为应对各种生产安全事故而制定的综合性工作方案，是本单位应对生产安全事故的总体工作程序、措施和应急预案体系的总纲。综合应急预案应当规定应急组织机构及其职责、应急预案体系、事故风险描述、预警及信息报告、应急响应、保障措施、应急预案管理等内容。

专项应急预案，是指生产经营单位为应对某一种或者多种类型生产安全事故，或者针对重要生产设施、重大危险源、重大活动防止生产安全事故而制定的专项性工作方案。

现场处置方案，是指生产经营单位根据不同生产安全事故类型，针对具体场所、装置或者设施所制定的应急处置措施。

生产经营单位应急预案编制程序包括成立应急预案编制工作组、资料收集、风险评估、应急资源调查、应急预案编制、桌面推演、应急预案评审和批准实施8个步骤。

1）成立应急预案编制工作组

结合本单位职能和分工，成立以单位有关负责人为组长，单位相关部门人员（如生产、技术、设备安全、行政、人事、财务人员）参加的应急预案编制工作组，明确工作职责和任务分工，制订工作计划，组织开展应急预案编制工作。预案编制工作组中应邀请相关救援队伍以及周边相关企业、单位或社区代表参加。

2）资料收集

应急预案编制工作组应收集下列相关资料：

① 适用的法律法规、部门规章、地方性法规和政府规章、技术标准及规范性文件；

② 企业周边地质、地形、环境情况及气象、水文、交通资料；

③ 企业现场功能区划分、建（构）筑物平面布置及安全距离资料；

④ 企业工艺流程、工艺参数、作业条件、设备装置及风险评估资料；

⑤ 本企业历史事故与隐患、国内外同行业事故资料；

⑥ 属地政府及周边企业、单位应急预案。

3）风险评估

开展生产安全事故风险评估，撰写评估报告，其内容包括但不限于：

① 辨识生产经营单位存在的危险有害因素，确定可能发生的生产安全事故

类别；

②分析各种事故类别发生的可能性、危害后果和影响范围；

③评估确定相应事故类别的风险等级。

4）应急资源调查

全面调查和客观分析本单位以及周边单位和政府部门可请求援助的应急资源状况，撰写应急资源调查报告，其内容包括但不限于：

①本单位可调用的应急队伍、装备、物资、场所；

②针对生产过程及存在的风险可采取的监测、监控、报警手段；

③上级单位、当地政府及周边企业可提供的应急资源；

④可协调使用的医疗、消防、专业抢险救援机构及其他社会化应急救援力量。

5）应急预案编制

应急预案编制应当遵循以人为本、依法依规、符合实际、注重实效的原则，以应急处置为核心，体现自救互救和先期处置的特点，做到职责明确、程序规范、措施科学，尽可能简明化、图表化、流程化。

应急预案编制工作包括但不限下列内容：

①依据事故风险评估及应急资源调查结果，结合本单位组织管理体系、生产规模及处置特点，合理确立本单位应急预案体系；

②结合组织管理体系及部门业务职能划分，科学设定本单位应急组织机构及职责分工；

③依据事故可能的危害程度和区域范围，结合应急处置权限及能力，清晰界定本单位的响应分级标准，制定相应层级的应急处置措施；

④按照有关规定和要求，确定事故信息报告、响应分级与启动、指挥权移交、警戒疏散方面的内容，落实与相关部门和单位应急预案的衔接。

6）桌面推演

按照应急预案明确的职责分工和应急响应程序，结合有关经验教训，相关部门及其人员可采取桌面演练的形式，模拟生产安全事故应对过程，逐步分析讨论并形成记录，检验应急预案的可行性，并进一步完善应急预案。

7）应急预案评审

①评审形式

应急预案编制完成后，生产经营单位应按法律法规有关规定组织评审或论证。参加应急预案评审的人员可包括有关安全生产及应急管理方面、有现场处置经验的专家。应急预案论证可通过推演的方式开展。

②评审内容

应急预案评审内容主要包括：风险评估和应急资源调查的全面性、应急预案体系设计的针对性、应急组织体系的合理性、应急响应程序和措施的科学性、应急保障措施的可行性、应急预案的衔接性。

③评审程序

应急预案评审程序包括下列步骤：

评审准备。成立应急预案评审工作组，落实参加评审的专家，将应急预案、编制说明、风险评估、应急资源调查报告及其他有关资料在评审前送达参加评审的单位或人员。

组织评审。评审采取会议审查形式，企业主要负责人参加会议，会议由参加评审的专家共同推选出的组长主持，按照议程组织评审；表决时，应有不少于出席会议专家人数的三分之二同意方为通过；评审会议应形成评审意见（经评审组组长签字），附参加评审会议的专家签字表。表决的投票情况应以书面材料记录在案，并作为评审意见的附件。

修改完善。生产经营单位应认真分析研究，按照评审意见对应急预案进行修订和完善。评审表决不通过的，生产经营单位应修改完善后按评审程序重新组织专家评审，生产经营单位应写出根据专家评审意见的修改情况说明，并经专家组组长签字确认。

8）批准实施

通过评审的应急预案，由生产经营单位主要负责人签发实施。

详细应急预案编制框架和内容可参考《生产经营单位生产安全事故应急预案编制导则》GB/T 29639—2020执行。

（2）现场急救

现场急救的目的、原则和注意事项：

目的：最大限度地减少伤病员的痛苦，降低致残率，减少死亡率，为医院抢救打好基础。

原则：急救应按照快抢、快救、快送；先抢救生命，后治疗创伤的原则。

注意事项：

1）确定伤患人员的呼吸道是否存在异物、分泌物或舌头堵塞。

2）检查伤患人员动作应轻缓，必要时剪开衣服，避免突然挪动增加伤患人员痛苦和伤情。

3）呼吸如果已经停止，必须立即实施人工呼吸。

4）如果脉搏、心脏停止跳动，必须立即实施心肺复苏术。

5）检查有无出血。

6）对于搬运颈部或背部严重受损者则要慎重，防止进一步受伤。

7）让伤患人员平卧并保持安静，如有呕吐，首先检查无颈部骨折的危险后，将其头部侧向一边防止噎塞。

8）在实施急救的同时，让其他人拨打"120"急救电话，向医疗救护单位请求救援，在电话中应向医生讲明伤患人员和发病的地点、伤情和已经采取了哪些措施、报急救者单位、姓名和电话，并询问清楚在救护车赶到之前，应做些什么。派人在现场外等候接应救护车，同时把救护车进工地的路上障碍及时清除。

9）既要安慰伤患人员，自己也应尽量保持镇静，以消除伤患人员的恐惧。

10）不要给昏迷或半昏迷者喝水，以防液体进入呼吸道窒息，也不要用拍击或者摇动的方式试图唤醒昏迷者。

紧急救护的程序如图1-1所示。

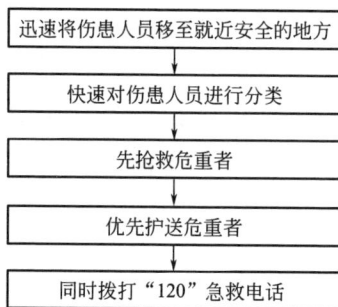

```
┌─────────────────────────┐
│ 迅速将伤患人员移至就近安全的地方 │
└─────────────────────────┘
            ↓
┌─────────────────────────┐
│   快速对伤患人员进行分类   │
└─────────────────────────┘
            ↓
┌─────────────────────────┐
│       先抢救危重者       │
└─────────────────────────┘
            ↓
┌─────────────────────────┐
│      优先护送危重者      │
└─────────────────────────┘
            ↓
┌─────────────────────────┐
│   同时拨打"120"急救电话   │
└─────────────────────────┘
```

图1-1 紧急救护流程图

现场急救类别：

1）中毒窒息急救

让伤患人员快速脱离有毒环境，吸入新鲜空气，宽松衣服。如果中毒者神志不清，要立即拨打"120"，同时将伤患人员摆放成侧卧位（复苏位），以保持呼吸道畅通，便于呕吐物排出。如果伤患人员停止呼吸，应立即实施持续的口对口人工呼吸。如果伤患人员心跳停止，应立即实施胸外心脏按压。如果心肺功能没有复苏，应持续按压直到专业急救人员到来。

2）中暑急救

解除中暑的办法有：迅速把患者移至阴凉、通风处，坐下或躺着，宽松衣服，安静休息。迅速降低患者体温，可以用冷水擦身，在前额、腋下和大腿根处用浸了冷水的毛巾或海绵冷敷。给患者饮用加糖的淡盐水或清凉饮料，补充因大量出汗而失去的盐和水分。患者病情严重时要注意其呼吸、脉搏，并尽快呼叫救护车送医院。

3）烧伤现场急救

火焰烧伤：离开火区，脱去燃烧的衣裤，就近滚动灭火。用水将火浇灭或跳入附近水池、河沟等。

高温液体烫伤：尽快脱去沸液浸渍的衣服，必要时直接撕开或剪开，灼伤肢体浸泡在冷水中0.5～1h。

化学烧伤：均应立即用大量清洁水冲洗至少20min。但生石灰烧伤宜先用干燥清洁敷料擦净石灰粉末再彻底冲洗。

电烧伤：急救时，应立即切断电源，拉开电闸或用不导电的物品（木棒或竹器）拨开电源，并扑灭着火衣服。在未切断电源之前，急救者切记不要接触伤员，以免自身触电。

4）食物中毒急救

解救的措施是：患者中毒可以催吐，以减少毒物吸收。频繁呕吐和腹泻会引起身体脱水。如果脱水严重，患者精神萎靡、发烧、出冷汗、面色苍白甚至休克。患者人员平卧，双脚抬高，以保证重要脏器的血液循环，尽快拨打"120"，将患者送往医院。保留吃剩的食物，带到医院以协助诊断。

5）煤气中毒急救

步骤和方法：

立即打开门窗通风，使中毒者离开中毒环境，移至通风好的房间或院内，吸入新鲜空气，注意保暖。

让清醒者喝热糖茶水，有条件时尽可能吸入氧气。

对呼吸困难或呼吸停止者，应进行口对口人工呼吸，清理呕吐物，并保持呼吸通畅。对心跳停止者，进行心肺复苏，同时呼叫"120"急救中心救治。

6）多发性创伤/复合伤现场救护

迅速脱离危险环境，搬运伤员时动作要轻柔，禁止将患肢从重物下拉出。

解除呼吸道梗阻。用手将口腔异物掏出，向前托起下颚，把舌拉出并将头偏向一侧。

处理活动性出血：按压法，压住出血伤口或肢体近端的主要血管，然后迅速加压包扎，抬高患肢，对止不住出血的四肢大血管破裂则采用橡皮止血带或充气止血带。使用止血带的伤员应1～2h松解一次，每次5～10min，松解止血带时要用力压住出血的伤口。

伤员的体位，一般取平卧位，有恶心呕吐的伤员应取侧卧位利于呕吐，禁止仰卧。

1.4.8　生产安全事故处理

（1）事故分级

根据生产安全事故造成的人员伤亡或者经济损失，《生产安全事故报告和调查处理条例》将一般的生产安全事故分为以下四个等级：

1）特别重大事故，是指造成30人以上死亡，或者100人以上重伤(包括急性工业中毒，下同)，或者1亿元以上直接经济损失的事故；

2）重大事故，是指造成10人以上30人以下死亡，或者50人以上100人以下重伤，或者5000万元以上1亿元以下直接经济损失的事故；

3）较大事故，是指造成3人以上10人以下死亡，或者10人以上50人以下重伤，或者1000万元以上5000万元以下直接经济损失的事故；

4）一般事故，是指造成3人以下死亡，或者10人以下重伤，或者1000万元以下直接经济损失的事故。

（2）事故报告

上报时限和部门：

生产安全事故发生后，事故现场有关人员应当立即向本单位负责人报告。单位负责人接到报告后，应当于1h内向事故发生地县级以上人民政府应急管理部门和负有安全生产监督管理职责的有关部门报告。情况紧急时，事故现场有关人员可以直接向事故发生地县级以上人民政府应急管理部门和负有安全生产监督管理职责的有关部门报告。事故报告后，出现新情况的，应当及时补报。自事故发生之日起30日内（道路交通事故、火灾事故自发生之日起7日内），事故造成的伤亡人数发生变化的，应当及时补报。

事故信息报告的内容：

1）事故发生单位概况；

2）事故发生的时间、地点以及事故现场情况；

3）事故的简要经过；

4）事故已造成或者可能造成的伤亡人数（包括下落不明的人数）和初步估计的直接经济损失；

5）已经采取的措施；

6）其他应当报告的情况。

事故信息电话快报的内容：

1）事故发生单位的名称、地址、性质；

2）事故发生的时间地点；

3）事故已经造成或者可能造成的伤亡人数（包括下落不明、涉险的人数）。

（3）事故应急处置

接到事故报告后，事故发生单位负责人应当立即启动事故应急预案，并采取有效措施组织抢救，防止事故扩大，减少人员伤亡和财产损失。

事故发生后，生产经营单位应当立即启动相关应急预案，采取有效处置措施，开展应急救援工作，控制事态发展，并按规定向有关部门报告。对危险化学品泄漏等可能对周边群众和环境产生影响的情况，生产经营单位应向地方人民政府和有关部门报告的同时，及时向可能受到影响的单位、职工、群众发出预警信息，标明危险区域，组织、协调应急救援队伍和工作人员救助受害人员，疏散、撤离、安置受到威胁的人员，并采取有效措施防止发生次生、衍生事故。应急处置工作结束后，各生产经营单位应尽快组织恢复生产、生活秩序，配合事故调查组进行调查。

事故发生后，有关单位和人员应妥善保护事故现场以及相关证据，任何单位和个人不得破坏事故现场、毁灭相关证据。因抢救人员、防止事故扩大以及疏通交通等原因，需要移动事故现场物件的，应当做出标志，绘制现场简图并做出书面记录，妥善保存现场重要痕迹、物证。

第2章　工作流程

2.1　建设工程项目安全管理总体流程

总体流程如图 2-1 所示。

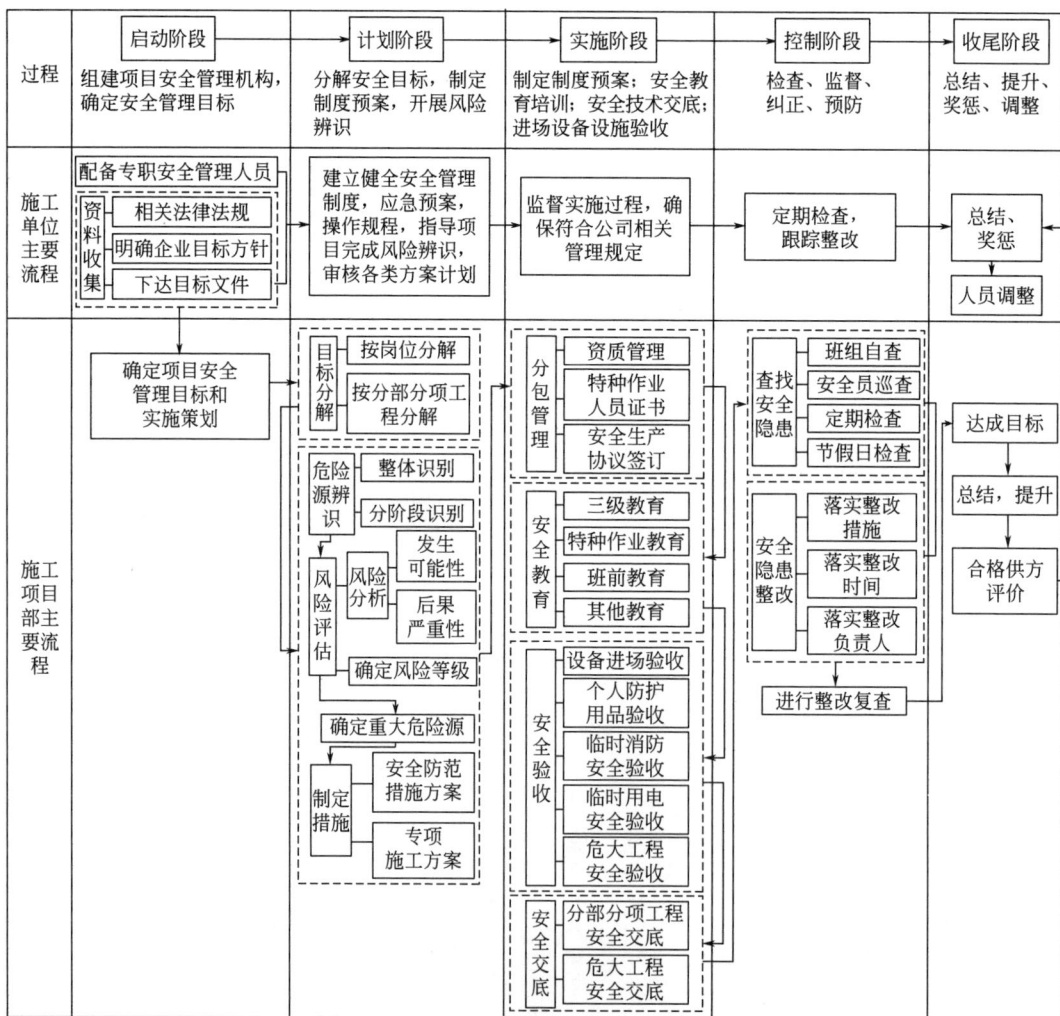

过程	启动阶段 组建项目安全管理机构，确定安全管理目标	计划阶段 分解安全目标，制定制度预案，开展风险辨识	实施阶段 制定制度预案；安全教育培训；安全技术交底；进场设备设施验收	控制阶段 检查、监督、纠正、预防	收尾阶段 总结、提升、奖惩、调整
施工单位主要流程	配备专职安全管理人员 资料收集　相关法律法规 明确企业目标方针 下达目标文件	建立健全安全管理制度，应急预案，操作规程，指导项目完成风险辨识，审核各类方案计划	监督实施过程，确保符合公司相关管理规定	定期检查，跟踪整改	总结、奖惩 人员调整
施工项目部主要流程	确定项目安全管理目标和实施策划	目标分解　按岗位分解　按分部分项工程分解 危险源辨识　整体识别　分阶段识别 风险评估　风险分析　发生可能性　后果严重性 确定风险等级 确定重大危险源 制定措施　安全防范措施方案　专项施工方案	分包管理　资质管理　特种作业人员证书　安全生产协议签订 安全教育　三级教育　特种作业教育　班前教育　其他教育 安全验收　设备进场验收　个人防护用品验收　临时消防安全验收　临时用电安全验收　危大工程安全验收 安全交底　分部分项工程安全交底　危大工程安全交底	查找安全隐患　班组自查　安全员巡查　定期检查　节假日检查 安全隐患整改　落实整改措施　落实整改时间　落实整改负责人 进行整改复查	达成目标 总结，提升 合格供方评价

图 2-1　建设工程项目安全管理总体流程

2.2　关键环节安全管理流程

2.2.1　危险性较大的分部分项工程安全管理流程（图2-2）

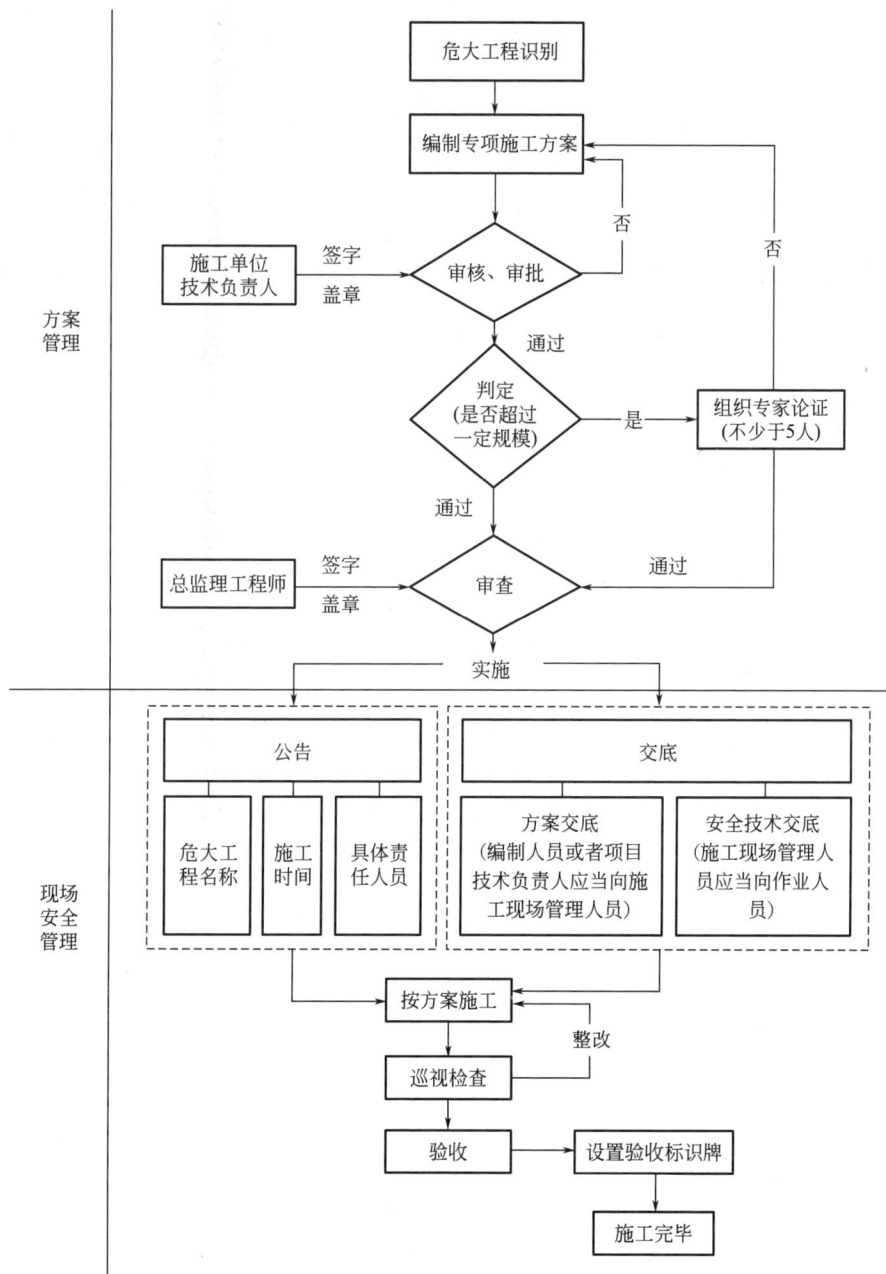

图2-2　危险性较大的分部分项工程安全管理流程

2.2.2　脚手架安全管理流程（图2-3）

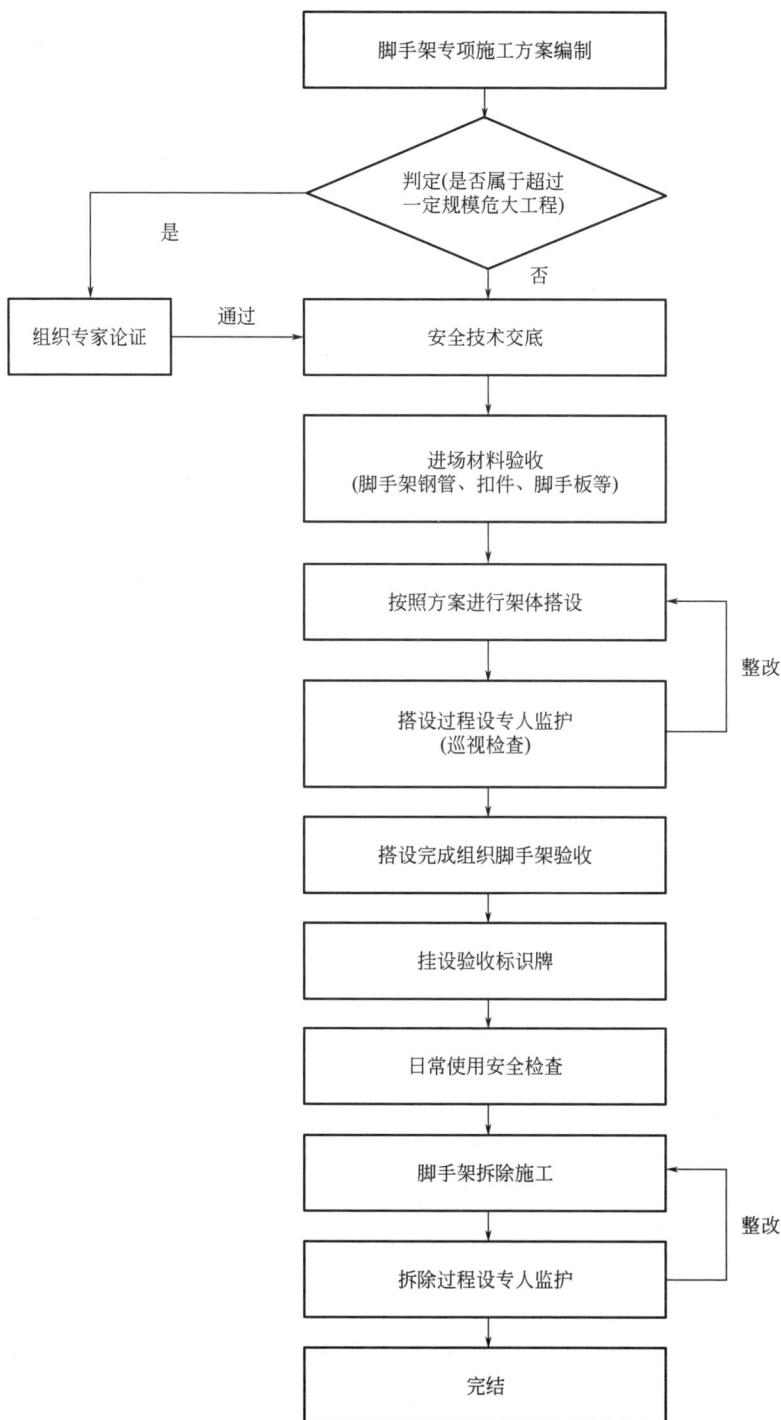

图2-3　脚手架安全管理流程

2.2.3 临时用电安全管理流程（图2-4）

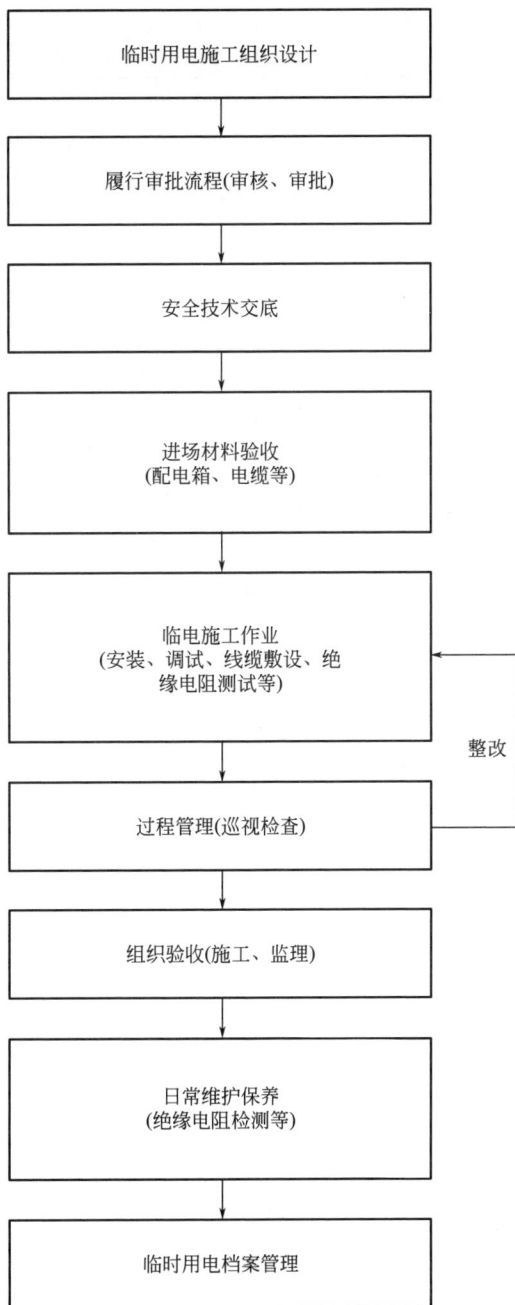

```
┌─────────────────────────────┐
│      临时用电施工组织设计       │
└─────────────────────────────┘
                │
                ▼
┌─────────────────────────────┐
│   履行审批流程(审核、审批)       │
└─────────────────────────────┘
                │
                ▼
┌─────────────────────────────┐
│        安全技术交底             │
└─────────────────────────────┘
                │
                ▼
┌─────────────────────────────┐
│        进场材料验收             │
│      (配电箱、电缆等)           │
└─────────────────────────────┘
                │
                ▼
┌─────────────────────────────┐
│        临电施工作业             │◄──────┐
│   (安装、调试、线缆敷设、绝       │       │
│     缘电阻测试等)               │       │
└─────────────────────────────┘       │ 整改
                │                      │
                ▼                      │
┌─────────────────────────────┐       │
│     过程管理(巡视检查)          │───────┘
└─────────────────────────────┘
                │
                ▼
┌─────────────────────────────┐
│    组织验收(施工、监理)         │
└─────────────────────────────┘
                │
                ▼
┌─────────────────────────────┐
│        日常维护保养             │
│     (绝缘电阻检测等)            │
└─────────────────────────────┘
                │
                ▼
┌─────────────────────────────┐
│      临时用电档案管理           │
└─────────────────────────────┘
```

图 2-4 临时用电安全管理流程

2.2.4 起重机械安全管理流程（图2-5）

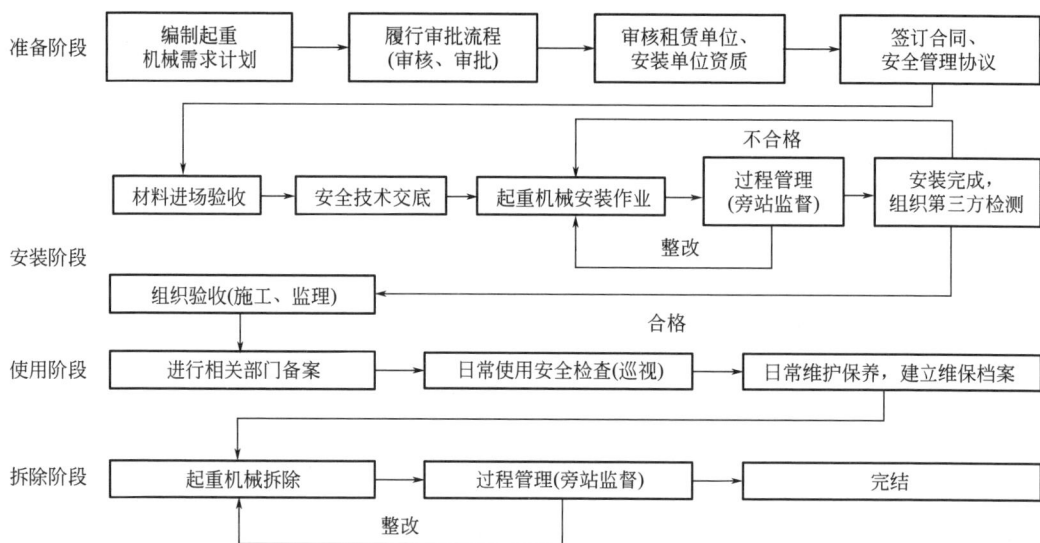

图2-5 起重机械安全管理流程

2.2.5 有限空间作业安全管理流程（图2-6）

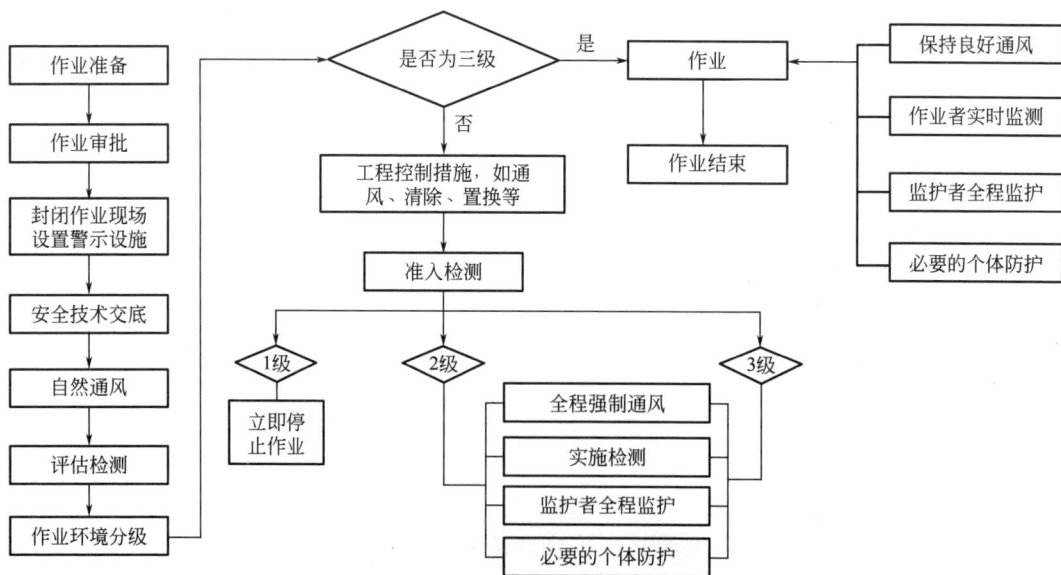

图2-6 有限空间作业安全管理流程

提升篇

第3章 脚手架安全管理难点与解析

3.1 脚手架简介

脚手架是施工中必不可少的临时设施，由杆件或结构单元、配件通过可靠连接而组成，能承受相应荷载，具有安全防护功能，是为建筑施工提供作业条件的结构架体，包括作业脚手架和支撑脚手架。

3.1.1 定义

（1）作业脚手架

由杆件或结构单元、构配件通过可靠连接而组成，支承于地面、建筑物上或附着于工程结构上，为建筑施工提供作业平台和安全防护的脚手架，包括以各类不同杆件（构件）和节点形式构成的落地作业脚手架、悬挑脚手架、附着式升降脚手架等，简称作业架。

（2）支撑脚手架

由杆件或结构单元、构配件通过可靠连接而组成，支承于地面或结构上，可承受各种荷载，具有安全保护功能，为建筑施工提供支撑和作业平台的脚手架，包括以各类不同杆件（构件）和节点形式构成的结构安装支撑脚手架、混凝土施工用模板支撑脚手架等，简称支撑架。

3.1.2 分类

脚手架按用途可分为作业脚手架、支撑脚手架，按类型可分为扣件式脚手架、碗扣式脚手架、承插式脚手架、轮扣式脚手架、木脚手架、工具式脚手架、竹脚手架、门式钢管脚手架、升降式整体脚手架等，工程中常见的脚手架形式主要有扣件式脚手架、碗扣式脚手架及承插式脚手架。

架体类型选择要综合考虑脚手架用途、材料供应、经济比选等因素确定。

3.2　难点与解析

3.2.1　作业脚手架

（1）落地作业脚手架

◎**工作难点1：**脚手架钢管材质不合格，架体拉接措施不满足规范及方案要求，如图3-1所示。

(a) 脚手架连墙件私自拆除

(b) 连墙件搭设不符合规范规定

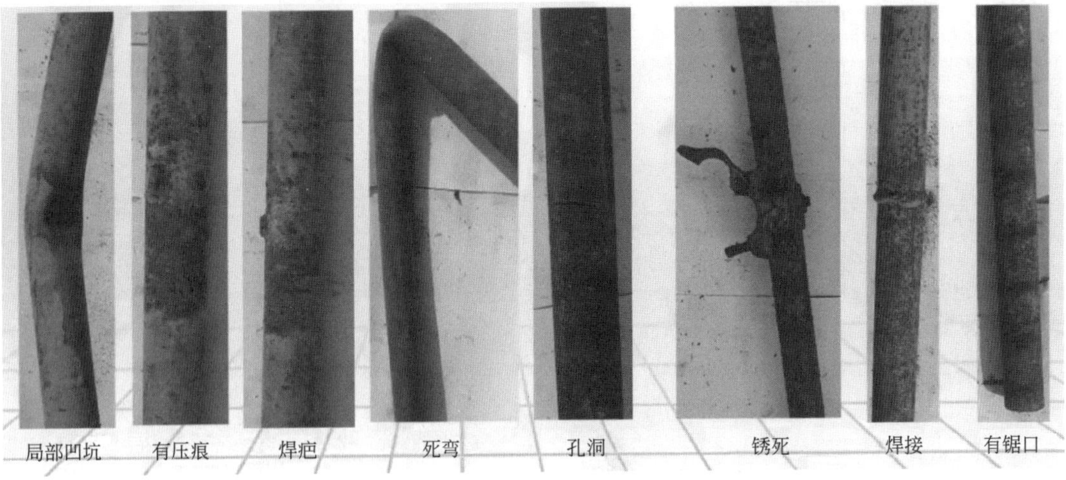

局部凹坑　　有压痕　　焊疤　　死弯　　孔洞　　锈死　　焊接　　有锯口

(c) 脚手架管材问题

图3-1　落地作业脚手架常见问题

解析

脚手架部分材质不合格，连墙件数量严重不足，拉接方式不符合专项施工方案要求，外脚手架搭设使用了不合格扣件；在架体拆除过程中，施工作业人员违规将拆除的钢管、扣件及脚手板堆放于架体上，增加了架体荷载，导致架体失稳坍塌。

1）应符合以下规定：

① 脚手架材料与构配件的性能指标应满足脚手架使用的需要，质量应符合国家现行标准的规定；

② 连墙件应采用能承受压力和拉力的构造，并应与建筑结构和架体连接牢固，连墙点的水平间距不得超过3跨，竖向间距不得超过3步，连墙点之上架体的悬臂高度不应超过2步，当无法设置连墙件时，应采取其他加强架体稳定的措施，如设置抛撑；

③ 在架体的转角处、开口型作业脚手架端部应增设连墙件，连墙件的垂直间距不应大于建筑物层高，且不应大于4.0m；

④ 在作业脚手架的纵向外侧立面上应设置竖向剪刀撑，每道剪刀撑的宽度应为4～6跨，且不应小于6m，也不应大于9m；剪刀撑斜杆与水平面的倾角应在45°～60°之间；

⑤ 搭设高度在24m以下时，应在架体两端、转角及中间每隔不超过15m各设置一道剪刀撑，并由底至顶连续设置；搭设高度在24m及以上时，应在全外侧立面上由底至顶连续设置；

⑥ 作业层上的施工荷载应符合设计要求，不得超载。

2）正确做法如图3-2所示。

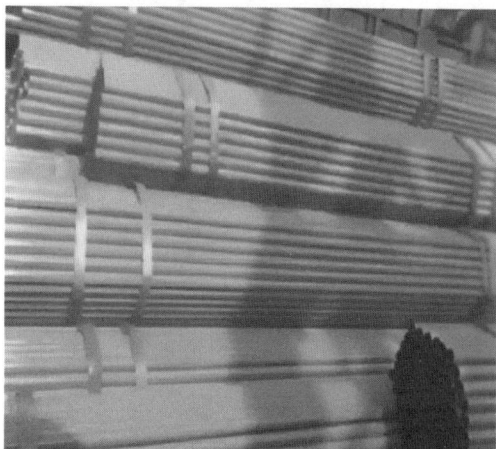

(a) 钢管涂刷防锈漆

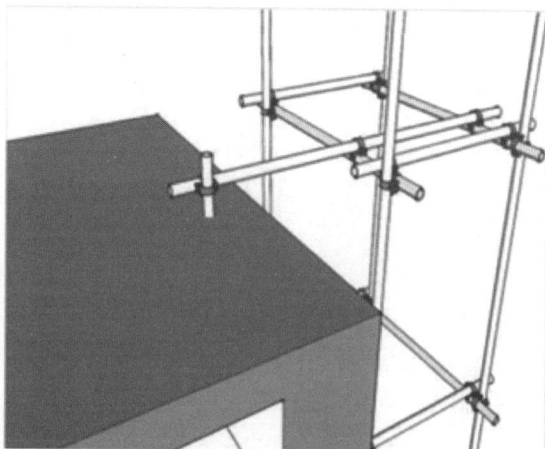

(b) 拉接点距离主节点≤300mm

图3-2　落地作业脚手架搭设正确做法（一）

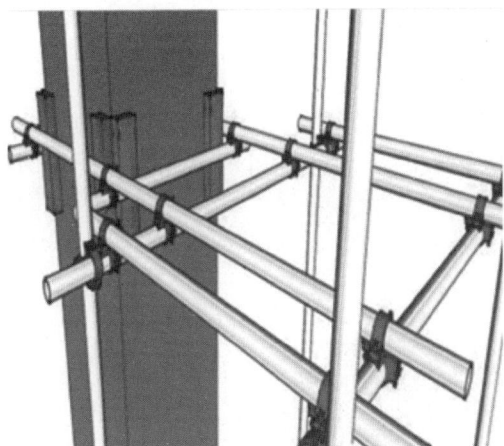

(c) 连墙件抱结框架柱

(d) 抛撑

图3-2　落地作业脚手架搭设正确做法（二）

◎**工作难点2**：脚手架地基承载力不符合设计及规范要求，如图3-3所示。

(a) 脚手架基础下沉、立杆悬空

(b) 脚手架底部未夯实、未铺垫板

图3-3　落地作业脚手架底部常见问题

解析

　　脚手架基础承载力不满足设计要求，脚手架搭设前基础未夯实、未铺设垫板，局部立杆悬空，易导致脚手架失稳坍塌。

1）应符合以下规定：

① 脚手架搭设前应清除搭设场地杂物，平整搭设场地，并应使排水畅通；

② 场地应无积水，立杆底端应无松动、无悬空；

③ 脚手架立杆下应设置垫板，采用木脚手板时，厚度不小于50mm，宽度不小于200mm，长度应不小于2跨。

2）正确做法如图3-4所示。

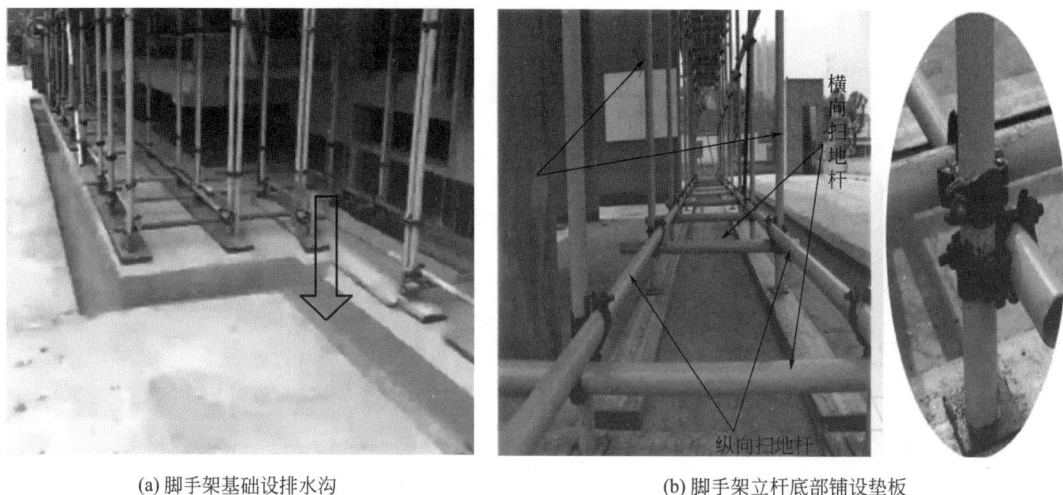

(a) 脚手架基础设排水沟　　　　　　(b) 脚手架立杆底部铺设垫板

图 3-4　落地作业脚手架底部搭设正确做法

（2）悬挑作业脚手架

◎**工作难点3：悬挑钢梁固定端长度及固定端不符合规范及设计要求，如图3-5所示。**

解析

型钢悬挑脚手架用于锚固的螺栓与型钢间隙没有用钢楔或硬木楔楔紧，悬挑钢梁的固定端长度不满足悬挑段长度的1.25倍，悬挑端未设置使脚手架立杆与钢梁可靠固定的定位措施，易导致脚手架失稳坍塌。

1）应符合以下规定：

① 型钢悬挑梁宜采用双轴对称截面的型钢，悬挑钢梁型号及锚固件应按设计确定，钢梁截面高度不应小于160mm，锚固型钢悬挑梁的U形钢筋拉环或锚固螺栓直径不宜小于16mm；

(a) 型钢固定端长度短

(b) 固定端锚栓未拧紧

(c) 固定端锚栓螺杆短

图3-5　悬挑作业脚手架常见问题

②用于锚固的U形钢筋拉环或螺栓应采用冷弯成型，U形钢筋拉环、锚固螺栓与型钢间隙应用钢楔或硬木楔楔紧；每个型钢悬挑梁外端宜设置钢丝绳或钢拉杆与上层建筑结构斜拉接，钢丝绳、钢拉杆不参与悬挑钢梁受力计算；

③悬挑钢梁悬挑长度应按设计确定，固定端长度不应小于悬挑端长度的1.25倍，型钢悬挑梁固定端应采用2个（对）及以上U形钢筋拉环或锚固螺栓与建筑结构梁板固定；

④悬挑脚手架立杆底部应与悬挑支承结构可靠连接，悬挑端设置能使脚手架立杆与钢梁可靠固定的定位点，定位点离悬挑梁端部不应小于100mm；

⑤悬挑脚手架、附着式升降脚手架应在全外侧立面上由底至顶连续设置竖向剪刀撑。

2）正确做法如图3-6所示。

(a) 型钢悬挑梁钢丝绳斜拉接

(b) 锚固段长度≥1.25悬挑长度

(c) 锚固螺栓间隙木楔楔紧

(d) 悬挑端设置立杆定位点

(e) 悬挑脚手架全外侧立面上由底至顶连续设置竖向剪刀撑

图3-6 悬挑作业脚手架搭设正确做法

（3）附着升降脚手架

◎**工作难点4：** 附着式升降脚手架水平支撑桁架未安装或者转弯处不连续，竖向主框架连接、导轨不符合设计要求，如图3-7所示。

(a) 未安装水平支撑桁架

(b) 转弯处水平支撑桁架不连续

(c) 立杆间无三角撑连接

(d) 导轨局部变形

图3-7 附着式升降脚手架常见问题

解析

附着式升降脚手架如果竖向主框架、水平支承桁架等相关构件不符合附着式升降脚手架的检验报告及规范要求，易导致附着式升降脚手架的架体不稳定，造成无法提升，严重会导致事故的发生。

1）应符合以下规定：

① 附着式升降脚手架应由竖向主框架、水平支承桁架、架体架构、附着支承

结构、防倾装置、防坠装置等组成；

②当水平支承桁架不能连续设置时，局部可采用脚手架杆件进行连接，但其长度不得大于2.0m，并且必须采取加强措施，确保其强度和刚度不得低于原有桁架。

2）正确做法如图3-8所示。

(a) 水平支撑桁架安装到位　　(b) 水平支撑桁架转弯处标准做法

图 3-8　附着式升降脚手架搭设正确做法

◎**工作难点5**：附着式升降脚手架附着支承结构不满足规范及设计要求，悬臂高度超高，如图3-9所示。

(a) 附着支座安装不满足受力要求　　(b) 螺栓预留孔偏差导致支座倾斜

图 3-9　附着式升降脚手架附着支承结构常见问题（一）

(c) 附着支座违规支垫木方

(d) 悬臂高度超高

(e) 电动葫芦斜拉架体

(f) 违规使用木方卸荷

图3-9　附着式升降脚手架附着支承结构常见问题（二）

解析

附着式升降脚手架竖向主框架所覆盖的每个楼层未做到均设置一道附墙支座，附墙支座采用的锚固螺栓与建筑物连接不规范，缺少螺母或弹簧垫圈，易导致升降时受力不足，发生事故。

1）应符合以下规定：

①竖向主框架所覆盖的每个楼层处应设置一道附墙支座；

②使用工况，应将竖向主框架固定于附墙支座上；升降工况，附墙支座上应设有防倾、导向的结构装置；

③附墙支座应采用锚固螺栓与建筑物连接，受拉螺栓的螺母不得少于两个或采用弹簧垫圈加单螺母，螺杆露出螺母端部的长度不应少于3扣和10mm，垫板尺寸应由设计确定，且不得少于100mm×100mm×10mm；

④ 防坠落装置与升降设备必须分别独立固定在建筑结构上；

⑤ 夹持式防坠装置制动距离不应大于80mm，卡阻式防坠装置制动距离不应大于150mm。

2）正确做法如图3-10所示。

(a) 架体顶部临时拉接

(b) 附着支座标准支垫

(c) 电动葫芦垂直拉架体

(d) 附着支座安装紧贴结构主体

图 3-10　附着式升降脚手架附着支承结构搭设正确做法

3.2.2　模板支撑脚手架

（1）扣件式钢管模板支撑脚手架

◎**工作难点1：** 模板支架设计不合理，未设置纵向水平杆、扫地杆或扫地杆高度过高、可调托撑外露过长、存在偏心现象等，如图3-11所示。

(a) 模架顶部偏心受力

(b) 模架坍塌现场

排架未设置
扫地杆

(c) 支撑架未设置扫地杆

20cm

(d) 支撑架扫地杆过高

(e) 模架顶部未设置双向水平杆

(f) 可调托撑长度超出规范要求

图 3-11　模板支撑脚手架常见问题

解析

模板支架未编制专项施工方案，立杆间距过大，未设置扫地杆或扫地杆高度不满足规范要求，纵横向水平杆局部缺失，可调托撑外露长度过长，模架存在偏心受力情况等，未采取有效防范措施，当浇筑混凝土时，随着荷载越来越大，产生的偏心力矩也越来越大，引起架体失稳，导致模架失稳坍塌。

1）应符合以下规定：

① 支撑模架支撑在地基土上的立杆下，应具有足够强度和支撑面积垫板；混凝土结构上宜设可调底座或垫板；

② 起步立杆宜采用不同长度立杆交错布置，立杆的接头宜采用对接；

③ 支撑模架应设置纵向和横向扫地杆，扫地杆高度不超过200mm；

④ 支撑结构顶端可调托撑伸出顶层水平杆的悬臂长度不宜大于500mm，可调托撑螺杆伸出长度不应超过300mm，插入立杆内的长度不应小于150mm；可调托撑上的主龙骨应居中；

⑤ 支撑脚手架的立杆间距和步距应按设计计算确定，且间距不宜大于1.5m，步距不应大于2.0m；

⑥ 支撑脚手架独立架体高宽比不应大于3.0；当有既有建筑结构时，支撑脚手架应与既有建筑结构可靠连接，连接点至架体主节点的距离不宜大于300mm，应与水平杆同层设置，连接点竖向间距不宜超过2步，连接点水平向间距不宜大于8m；

⑦ 支撑脚手架应设置竖向剪刀撑，安全等级为Ⅱ级的支撑脚手架应在架体周边、内部纵向和横向每隔不大于9m设置一道；安全等级为Ⅰ级的支撑脚手架应在架体周边、内部纵向和横向每隔不大于6m设置一道；竖向剪刀撑斜杆间的水平距离宜为6～9m，剪刀撑斜杆与水平面的倾角应为45°～60°。

2）正确做法如图3-12所示。

（2）承插型盘扣式模板支撑脚手架

◎**工作难点2**：盘扣式支撑架材料质量差不符合现行行业标准的相关规定，模架搭设前未进行地基基础验收，地基承载力不满足要求，土层地基上的立杆未设置底座或垫板，模架上有堆载现象，斜杆未按规范及设计要求设置，如图3-13所示。

解析

模板支撑架材质不合格，直接影响整个架体受力安全，地基基础未验收、立杆底部未设置垫板，容易导致地基下沉，竖向斜杆未按设计要求拉设，架体整体稳定性差，导致架体垮塌的安全事故。

(a) 模架纵横向水平杆均设置

(b) 可调托撑外露长度合格且居中

(c) 模架支撑竖向剪刀撑

(d) 模架支撑水平剪刀撑

图 3-12 模板支撑脚手架搭设正确做法

1）应符合以下规定：

① 脚手架构件、材料及其制作质量应符合现行行业标准《承插型盘扣式钢管支架构件》JG/T 503 的规定；

② 脚手架搭设场地应平整、坚实，并应有排水措施，脚手架应在地基基础验收合格后搭设，土层地基上的立杆下应采用可调底座和垫板，垫板的长度不宜少于 2 跨；

③ 支撑架可调托撑伸出顶层水平杆或双槽托梁中心线的悬臂长度不应超过 650mm，且丝杆外露长度不应超过 400mm，可调托撑插入立杆或双槽托梁长度不得小于 150mm；支撑架可调底座丝杆插入立杆长度不得小于 150mm，丝杆外露长度不宜大于 300mm，作为扫地杆的最底层水平杆中心线距离可调底座的底板不应大于 550mm；

④ 对标准步距为 1.5m 的支撑架，应根据支撑架搭设高度、支撑架搭设型号及

立杆轴力设计值进行竖向斜杆布置。

(a) 材料不合格

(b) 搭设前未进行基础验收

(c) 立杆底部局部悬空

(d) 架体有堆载

(e) 钢管开裂

(f) 竖向斜杆缺失架体坍塌

图 3-13　盘扣式模板支撑脚手架常见问题

2）正确做法如图3-14所示。

(a) 基础验收后搭设架体

(b) 材料验收合格码放整齐

(c) 竖向斜杆纵横向搭设

(d) 可调托撑符合规范

图3-14　盘扣式模板支撑脚手架搭设正确做法

第4章 临时用电安全管理难点与解析

4.1 临时用电简介

施工现场电气系统应满足用电设备对供电可靠性、供电质量及供电安全的要求，接线方式应力求简单可靠，操作方便及安全。施工现场供电有独立变配电所供电、自备变压器供电、低压220/380V供电、借用电源供电多种形式。

施工现场临时用电工程专用的电源中性点直接接地的220/380V三相四线制低压电力系统，必须遵守以下三项基本用电安全原则：

（1）采用三级配电系统；

（2）应采用二级剩余电流动作保护系统；

（3）应采用TN–S系统。

4.2 难点与解析

◎**工作难点1：与外电线路安全距离不符合要求，且未采取相关安全防护隔离措施，如图4-1所示。**

解析

外电线路安全距离应保证在各种可能的最大工作电压下，带电主体周围不会发生放电，周围人员健康不受损伤。安全距离不足时，容易造成对原有外电线路破坏，从而导致人员触电事故发生。

1）应符合以下规定：

① 在建工程（含脚手架）的周边与外电架空线路的边线之间的最小安全操作距离应符合表4–1规定。

(a) 起重机吊钩挂上高压线 (b) 外电线路下方施工作业

图 4-1 与外电线路间常见安全问题

在建工程（含脚手架）的周边与外电架空线路的边线之间的最小安全操作距离 表 4-1

外电线路电压等级 /kV	< 1	1 ～ 10	35 ～ 110	220	330 ～ 500
最小安全操作距离 /m	7.0	8.0	8.0	10	15

② 施工现场的机动车道与外电架空线路交叉时，架空线路的最低点与路面的最小垂直距离应符合表 4-2 规定。

施工现场的机动车道与外电架空线路交叉时的最小垂直距离 表 4-2

外电线路电压等级 /kV	< 1	1 ～ 10	35
最小垂直距离 /m	6.0	7.0	7.0

常见外电线路（1kV 以下）与机动车道安全距离如图 4-2 所示。

③ 起重机严禁越过无防护措施的外电架空线路作业。在外电架空线路附近吊装时，起重机的任何部位或被吊物边缘在最大偏斜时与外电架空线路边线的最小安全距离应符合表 4-3 规定。

起重机与外电架空线路边线的最小安全距离 表 4-3

电压 /kV		< 1	10	35	110	220	330	500
安全距离 /m	垂直方向	1.5	3.0	4.0	5.0	6.0	7.0	8.5
	水平方向	1.5	2.0	3.5	4.0	6.0	7.0	8.5

常见外电线路（1kV以下）与起重机间最小安全距离如图4-3所示。

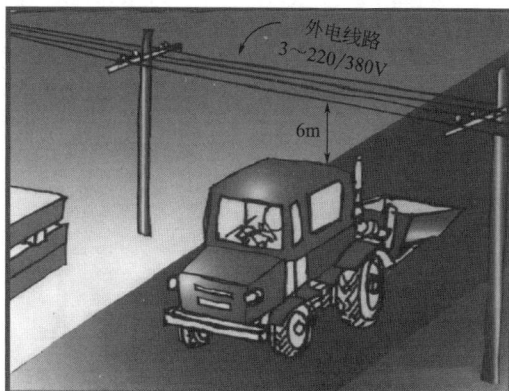

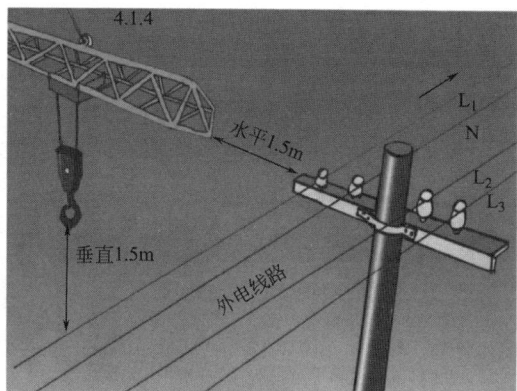

图 4-2　机动车道安全距离示意图　　　图 4-3　起重机安全距离示意图

④ 当前述1 ~ 3条规定不能满足时，应设置必要的绝缘隔离防护措施，防护设施与外电线路之间的最小安全距离应符合表4-4规定。

防护设施与外电线路之间的最小安全距离　　　　表 4-4

外电线路电压等级 /kV	≤ 10	35	110	220	330	500
最小安全距离 /m	2.0	3.5	4.0	5.0	6.0	7.0

⑤ 施工现场开挖沟槽边缘与外电埋地电缆沟槽边缘之间的距离不得小于0.5m。

2）正确做法：

① 保证安全可靠的操作距离；

② 当操作距离不够时，采取必要的绝缘防护措施；

③ 当以上条件均不具备时，严禁强行冒险作业。

◎**工作难点2：剩余电流动作保护器漏装或安装错误，与配电箱、开关箱参数不匹配。**

📖 **解析**

剩余电流动作保护器有过载和短路保护的功能，主要是在用电设备发生漏电故障时，对有致命危险的人身触电进行保护，不安装剩余电流动作保护器会大大增加触电风险，当已安装的剩余电流动作保护器额定动作电流过大时，不能及时掉闸断电，易造成人员触电事故发生；当剩余电流动作保护器额定动作电流过小时，可能出现频繁掉闸现象，影响设备正常工作使用，所以应选用参数与配电箱、开关箱匹配的剩余电流动作保护器安装使用。

1）应符合以下规定：

① 剩余电流动作保护器应装设在总配电箱、开关箱靠近负荷的一侧，且不得用于启动电气设备的操作；

② 配电箱、开关箱中的剩余电流动作保护器宜选用无辅助电源型（电磁式）产品或选用辅助电源故障时能自动断开的辅助电源型（电子式）产品。当选用辅助电源故障时不能自动断开的辅助电源型（电子式）产品时，必须同时设置与其相匹配的缺相保护装置；

③ 开关箱中剩余电流动作保护器的额定剩余电流动作电流不应大于30mA，额定剩余电流动作时间不应大于0.1s；使用于潮湿或有腐蚀性介质场所的剩余电流动作保护器应采用防溅型产品，其额定剩余电流动作电流不应大于15mA，额定剩余电流动作时间不应大于0.1s；

④ 总配电箱中剩余电流动作保护器的额定剩余电流动作电流应大于30mA，额定剩余电流动作时间应大于0.1s，但其额定剩余电流动作电流与额定剩余电流动作时间的乘积不应大于30mA·s。

2）正确做法：

① 剩余电流动作保护器安装方法

a.总配电箱剩余电流动作保护器装设方法一：总路设置总剩余电流动作保护器，如图4-4所示。

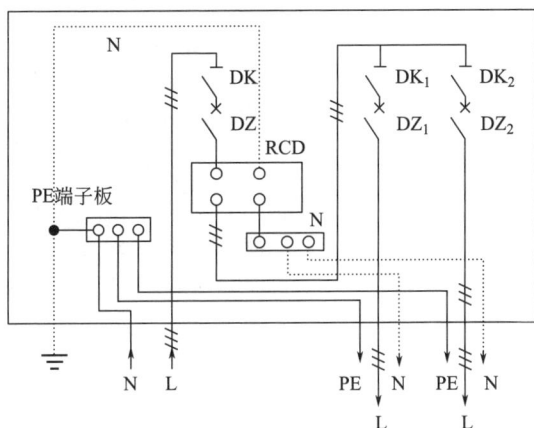
(a) 电路图

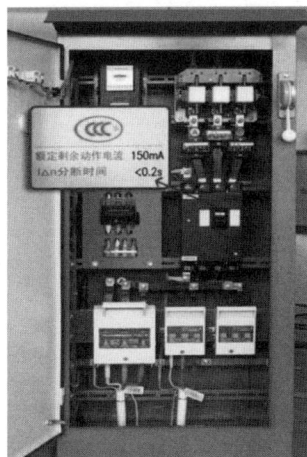
(b) 实物图

图4-4　剩余电流动作保护器（RCD）装设在总路的负载侧

b.总配电箱剩余电流动作保护器装设方法二：分路设置剩余电流动作保护器，如图4-5所示。

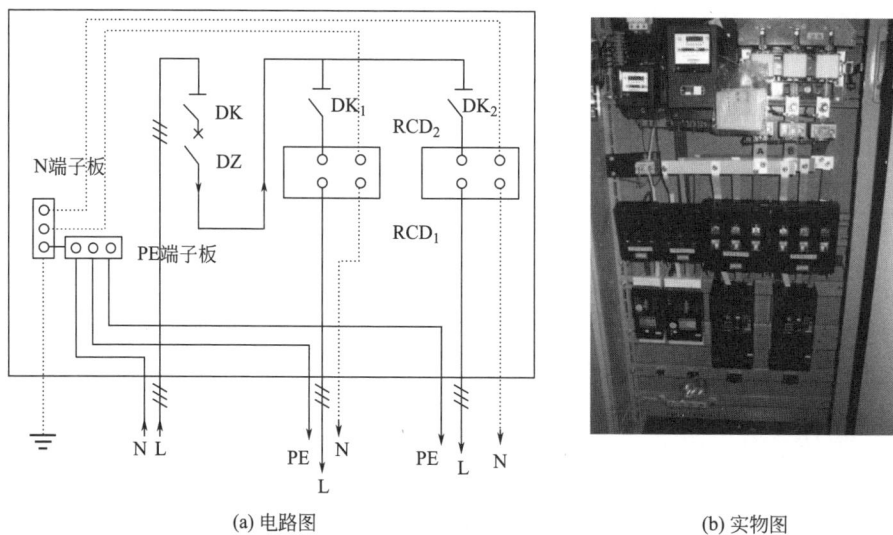

(a) 电路图　　　　　　　　　　(b) 实物图

图 4-5　剩余电流动作保护器（RCD）装设在分路的负载侧

c.开关箱剩余电流动作保护器装设，如图4-6所示。

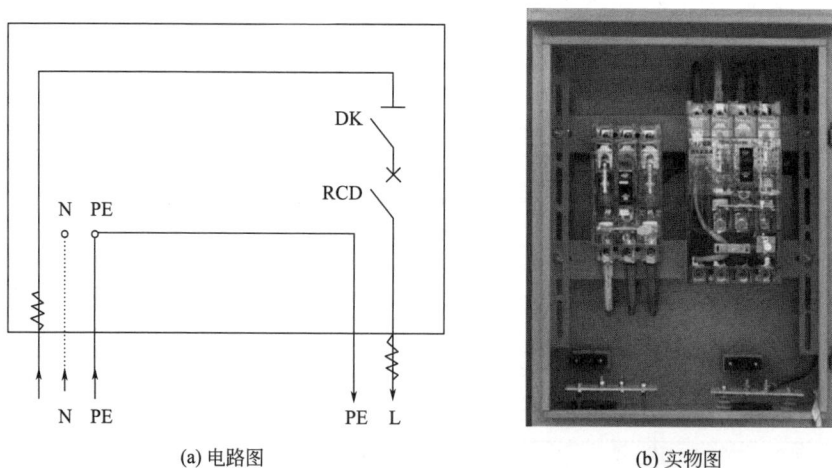

(a) 电路图　　　　　　　　　　(b) 实物图

图 4-6　开关箱设置剩余电流动作保护器（RCD）装设示意图

② 北京市地方要求：

a.临时用电工程电源中性点直接接地的220V/380V低压电力系统必须采用逐级剩余电流动作保护系统。

b.施工现场临时用电剩余电流动作保护器剩余电流动作电流、时间参数应合理匹配，形成分级保护。一般总配电箱内剩余电流动作保护器额定剩余电流动作电流100～150mA，额定剩余电流动作时间不大于0.2s，如图4-7所示；分配电箱内剩余电流动作保护器额定剩余电流动作电流50～75mA，额定剩余电流动作时间不大于0.1s，如图4-8所示；开关箱内剩余电流动作保护器额定剩余电流动作电流30mA，额定剩余电流动作时间不大于0.1s，如图4-9所示。北京地区建设工程应严格按照《建设工程施工现场安全防护、场容卫生及消防保卫标准》DB 11/945—2012的相关要求装设剩余电流动作保护器。

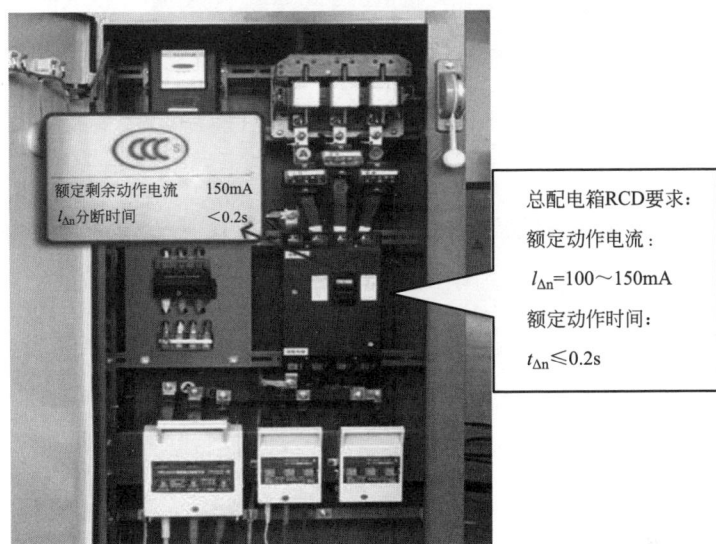

总配电箱RCD要求：

额定动作电流：

$I_{\Delta n}=100\sim150\text{mA}$

额定动作时间：

$t_{\Delta n}\leqslant0.2\text{s}$

图4-7 北京地区总配电箱剩余电流动作保护器（RCD）参数要求示意图

分配电箱RCD要求：

额定动作电流：

$I_{\Delta n}=50\sim75\text{mA}$

额定动作时间：

$t_{\Delta n}\leqslant0.1\text{s}$

图4-8 北京地区分配电箱剩余电流动作保护器（RCD）参数要求示意图

开关箱RCD要求：

额定动作电流：$I_{\Delta n} \leqslant 30mA$

（潮湿场所：$I_{\Delta n} \leqslant 15mA$）

额定动作时间：$t_{\Delta n} \leqslant 0.1s$

图4-9　北京地区开关箱剩余电流动作保护器（RCD）参数要求示意图

◎**工作难点3**：建筑机械设备和线路的接零保护、重复接地与防雷接地不规范。

解析

　　主要由于临时用电电工未将保护接零、保护接地导体相互的保护工作原理、适用范围、线路结构的概念及主要优、缺点区别清楚，将其相互混淆造成的。施工现场的塔式起重机、施工升降机等大型机械设备未按要求做重复接地和防雷接地，不能保证设备金属结构件之间的电气连接；或虽然已做重复接地和防雷接地，但经测试达不到要求的情况较普遍。

　　应符合以下规定：

　　① 当施工现场与外电线路共用同一供电系统时，电气设备的接地、保护接零应与原系统保持一致。不得一部分设备保护接零，另一部分设备保护接地导体。

　　② 施工现场内所有防雷装置的冲击接地电阻值不得大于30Ω。做防雷接地机械上的电气设备，所连接的PE线必须同时做重复接地，同一台机械电气设备的重复接地和机械的防雷接地可共用同一接地体，但接地电阻应符合重复接地电阻值的要求。

　　③ 在TN系统中，必须与保护零线（PE）进行可靠连接的电气设备部位（不带电的外露可导电部分）包括：

　　a.电机、变压器、电器、照明器具、手持电动工具的金属外壳；

　　b.电气设备传动装置的金属部件；

c.配电柜与控制柜的金属框架;

d.配电装置的金属箱体、框架及靠近带电部分的金属围栏和金属门;

e.电力线路的金属保护管、敷线的钢索、起重机的底座和轨道、滑升模板金属操作平台等;

f.安装在电力线路杆(塔)上的开关、电容器等电气装置的金属外壳及支架;

g.人防、隧道等潮湿或条件特别恶劣施工现场的电气设备金属外壳。

④ 施工现场内的起重机、井字架、龙门架等机械设备,以及钢脚手架和正在施工的在建工程等的金属结构,当在相邻建筑物、构筑物等设施的防雷装置接闪器的保护范围以外时,应按表4-5中地区年均雷暴日(d)执行。

施工现场内机械设备及高架设施安装防雷装置的高度规定　　表4-5

地区年均雷暴日(d)	机械设备设施高度(m)
≤ 15	≥ 50
> 15,< 40	≥ 32
≥ 40,< 90	≥ 20
≥ 90及雷害特别严重地区	≥ 12

当最高机械设备上避雷针(接闪器)的保护范围能覆盖其他设备,且又最后退出现场,则其他设备可不设防雷装置。

◎**工作难点4**:临时用电组织设计的编制内容不规范,与现场实际不符。

解析

一些施工现场未配备专业电气技术人员,对临时用电的安全管理和临时用电组织设计编制工作不重视。一般安排施工员、安全员编制;或者是安排现场电工从网上下载资料后,直接引用或进行东拼西凑,其内容根本不符合现场临时用电的实际,更不能指导现场临时用电的组织施工。

应符合以下规定:

① 施工现场临时用电设备在5台及以上或设备总容量在50kV及以上者,应编制用电组织设计。

② 施工现场临时用电组织设计应包括下列内容:工程概况;编制依据;施工现场用电容量统计;负荷计算;选择变压器;设计配电系统和装置;确定防护措施;制定安全用电措施和电气防火措施;制定临时用电设施拆除措施;制定应急预案,并开展应急演练。

③ 临时用电施工组织设计及变更必须履行"编制、审核、批准"程序，经相关部门审核及企业技术负责人批准后实施。如果有变更，应及时补充有关图纸资料。

④ 临时用电工程组织设计编制及变更时，应按照《危险性较大的分部分项工程安全管理规定》的要求，履行"编制、审核、批准"程序。变更临时用电工程组织设计时，应补充有关图纸资料。

⑤ 临时用电工程应经总承包单位和分包单位共同验收，合格后方可使用。

第5章 高处作业安全管理难点与解析

5.1 高处作业简介

5.1.1 定义

所谓高处作业是指在坠落高度基准面2m及以上有可能坠落的高处进行的作业，《高处作业分级》中规定："凡在坠落高度基准面2米以上（含2米）有可能坠落的高处进行作业都称为高处作业。"根据这一规定，涉及高处作业的范围相当广泛，在建筑物内作业时，凡在2m以上的空中进行操作，都为高处作业。

5.1.2 分级

高处作业划分四个等级：

（1）一级：作业高度2 ~ 5m，坠落范围半径2m。

（2）二级：作业高度5 ~ 15m，坠落范围半径3m。

（3）三级：作业高度15 ~ 30m，坠落范围半径4m。

（4）四级：作业高度30m以上，坠落范围半径5m。

5.1.3 分类

高处作业主要有五种类型：

（1）临边作业型

它是指施工现场工作边面边沿无围护设施或围护设施高度低于80cm的高处作业。

1）基坑周边、无防护的阳台、料台与悬挑平台等。

2）无防护楼层、楼面周边。

3）无防护的楼梯口和梯段口。

4）井架、施工电梯和脚手架等的通道两侧面。

5）各种垂直运输卸料平台的周边。

（2）洞口作业型

它是指孔、洞口旁边的高处作业，包括施工现场及通道旁深度在2m及2m以上的桩孔、沟槽与管道孔洞等边沿作业。

洞口作业的范围主要包括工程施工中的"四口"，即楼梯口、电梯井口、预留洞口、通道口。楼板、层面、平台短边尺寸小于25cm，但大于2.5cm的孔口必须用坚实的盖板盖住洞口，若没有防护时，就有造成作业人员高处坠落的危险。若不慎将物体从这些洞口坠落，还会引发物体砸击事故。

（3）攀登作业型

它是指借助施工结构或脚手架上的登高设施或采用梯子或其他登高设施在攀登条件下进行的高处作业。

攀登作业的范围主要包括在建筑物周围搭拆脚手架，张挂安全网，装卸塔机、龙门架、井字架、施工电梯、桩架、登高安装钢结构构件等作业都属于攀登作业。

进行攀登作业时，作业人员由于没有作业平台，只能攀登在可借助物的架子上作业，用手攀、脚钩或用腰绳来保持平衡，身体重心垂线不通过脚下，作业难度大、危险大，若有不慎就会发生坠落。

（4）悬空作业型

它是指在周边临空状态下进行高处作业。其特点是在作业者无立足或无牢靠立足点条件下进行高处作业。

悬空作业的范围主要包括施工中的构件吊装，利用吊篮进行外装修，悬挑或悬空梁板、雨篷等特殊部位支拆模板、绑扎钢筋、浇筑混凝土作业都属于悬空作业。由于是在不稳定的条件下施工作业，危险性很大。

（5）交叉作业型

它是指在施工现场的上下不同层次，处于空间贯通状态下同时进行的高处作业。

交叉作业的范围主要包括：现场施工时，上部人员搭设脚手架、吊运物料，地面上的人员搬运材料、制作钢筋，或外墙装修下面人员打底抹灰、上面人员进行两层装饰等都属于施工现场的交叉作业。交叉作业中，若高处作业人员不慎碰掉物料、失手掉下工具或吊运物件散落等都可能砸到下面的作业人员，从而发生物体打击伤亡事故。

5.2 难点与解析

◎**工作难点1**：高处临边作业，临空一侧未设置防护设施且作业人员未正确佩戴安全带，如图5-1所示。

(a) 脚手架上高处作业　　　　　　　(b) 升降梯上高处作业

图 5-1　高空作业未正确佩戴安全带

解析

作业人员安全意识差，安全教育培训不到位，现场管理人员旁站监管不严格。

1）应符合以下规定：

① 涉及高处作业的施工单位应在施工组织设计或施工方案中按国家、行业相关规定并结合工程特点编制，包括临边与洞口作业、攀登与悬空作业、操作平台、交叉作业及安全网搭设的安全技术措施，并对现场管理人员、作业人员进行安全教育培训及安全技术交底，并应如实记录。

② 高处作业施工前，应根据作业实际情况及方案要求为高处作业人员配齐相关防护用品。高处作业人员应按规定正确佩戴和使用高处作业安全防护用品、用具，应设专人对安全防护用品、用具进行逐一检查。

2）正确做法如图5-2所示。

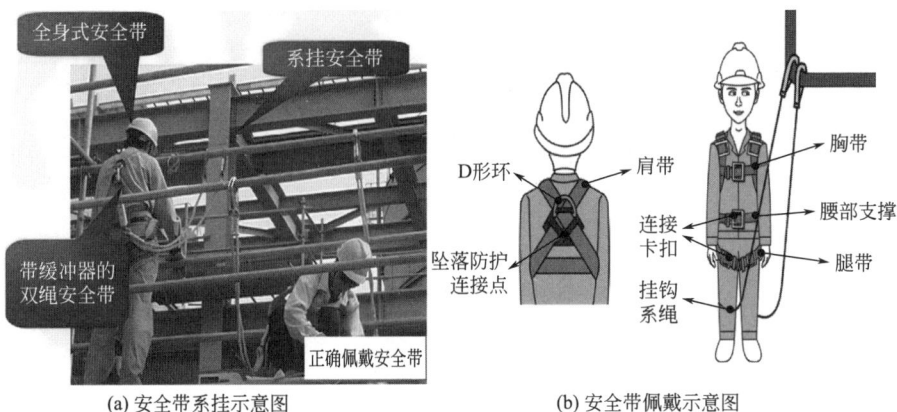

(a) 安全带系挂示意图　　　　　　　(b) 安全带佩戴示意图

图 5-2　正确佩戴和使用安全带示意图

◎**工作难点2**：洞口短边边长大于或等于500mm时，未采取有效防护措施。

解析

未严格按照规范及方案执行安全防护措施。

1）应符合以下规定：

建筑物或构筑物在施工过程中，常会出现各种预留洞口、通道口、上料口、楼梯口、电梯井口，在其附近工作，属于洞口作业，作业时，应采取防坠落措施，《建筑施工高处作业安全技术规范》JGJ 80中有如下作业要求：

① 当竖向洞口短边边长小于500mm时，应采取封堵措施；当垂直洞口短边边长大于或等于500mm时，应在临空一侧设置高度不小于1.2m的防护栏杆，并应采用密目式安全立网或工具式栏板封闭，设置挡脚板；

② 当非竖向洞口短边边长为25 ~ 500mm时，应采用承载力满足使用要求的盖板覆盖，盖板四周搁置应均衡，且应防止盖板移位；

③ 当非竖向洞口短边边长为500 ~ 1500mm时，应采用盖板覆盖或防护栏杆等措施，并应固定牢固；

④ 当非竖向洞口短边边长大于或等于1500mm时，应在洞口作业侧设置高度不小于1.2m的防护栏杆，洞口应采用安全平网封闭；

⑤ 洞口盖板应能承受不小于1kN的集中荷载和不小于2kN/m²的均布荷载，有特殊要求的盖板应另行设计；

⑥ 墙面等处落地的竖向洞口、窗台高度低于800mm的竖向洞口及框架结构在浇筑完混凝土未砌筑墙体时的洞口，应按临边防护要求设置防护栏杆。

2）正确做法：

① 非竖向洞口短边边长为25 ~ 500mm，如图5-3所示。

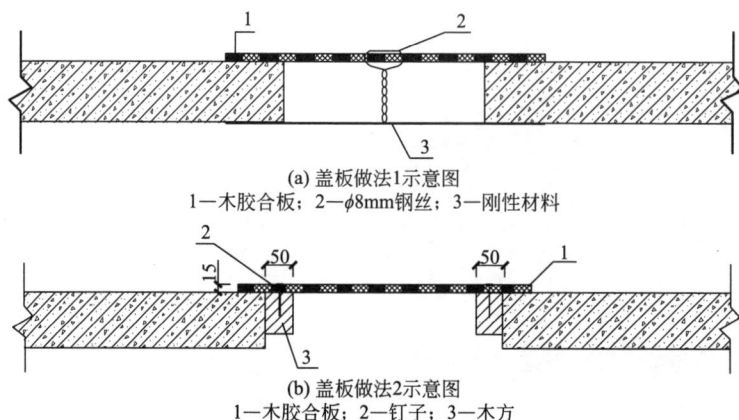

(a) 盖板做法1示意图
1—木胶合板；2—ϕ8mm钢丝；3—刚性材料

(b) 盖板做法2示意图
1—木胶合板；2—钉子；3—木方

图5-3　盖板做法示意图

② 非竖向洞口短边边长为500～1500mm，如图5-4所示。

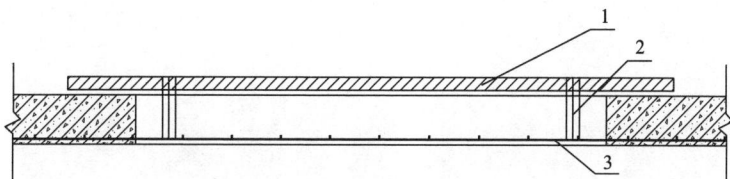

图5-4 盖板加网片洞口防护示意图

1—木胶合板；2—ϕ8mm钢丝；3—钢筋网片

③ 非竖向洞口短边边长大于或等于1500mm时，如图5-5所示。

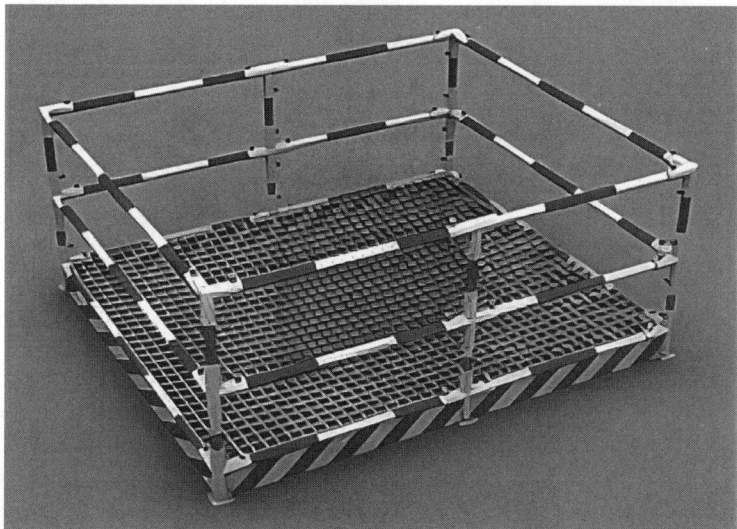

图5-5 短边边长≥1500mm预留洞口防护示意

◎**工作难点3：**电梯井道内未按照规范要求设置安全平网，施工层上部未设置隔离防护设施，如图5-6所示。

解析

未严格按照规范及方案执行安全防护措施。

1）应符合以下规定：

① 电梯井口应设置防护门，其高度不应小于1.5m，防护门底端距地面高度不应大于50mm，并应设置挡脚板。

(a) 电梯井道内未设置水平安全网 (b) 电梯口未设置隔离防护设施

图 5-6 电梯井道内常见安全问题

② 在电梯施工前，电梯井道内应每隔2层且不大于10m加设一道安全平网。电梯井内的施工层上部，应设置隔离防护设施。

2）正确做法如图5-7所示。

(a) 电梯井道内设置水平安全网 (b) 电梯口设置隔离防护设施

图 5-7 电梯井道内安全设施设置正确做法

◎**工作难点4：** 水平防护时，使用密目式安全立网代替水平安全网。

解析

现场人员不熟悉两种安全网作用和使用要求，未按规范要求使用安全网。

1）应符合以下规定：

① 密目式安全立网：网眼孔径不大于12mm，垂直于水平面安装，用于阻挡人员视线、自然风、飞溅及失控小物体坠落的网，不具备直接承接坠落冲击的功能。密目式安全立网的网目密度应为10cm×10cm面积上大于或等于2000目，颜色多呈绿色或蓝色。

② 安全平网：安装平面不垂直于水平面，水平悬挂于作业面下方，直接承接坠落的人或物体，通过缓冲降低冲击伤害的安全网，颜色常为白色。

③《建筑施工高处作业安全技术规范》JGJ 80—2016中第8.1.2条规定：采用平网防护时，严禁使用密目式安全立网代替平网使用。本条是强制性条文。密目式安全立网安装平面垂直水平面，冲击高度为1.5m，主要是用来阻挡小物体坠落。安全平网安装平面不垂直水平面，冲击高度为10m，主要用来阻挡人员和较大物体坠落。二者承受冲击荷载作用的能力相差5倍，故不允许密目式安全立网做安全平网使用。

2）正确做法如图5-8所示。

(a) 脚手架上密目式安全立网与安全平网的搭配使用

(b) 水平悬挂于作业面下方的安全平网

图5-8 两种安全网的正确使用

◎**工作难点5：** 钢结构安装过程中，当利用钢梁作为水平通道时，未设置安全绳等防护设施。

解析

钢结构工程施工过程中常发生人员高坠伤亡事故，其中作业人员在钢梁上行走，因未设安全绳导致无法系挂安全带，且下方未设水平安全网，易发生人员高坠伤亡事故。

1）应符合以下规定：

① 安全绳设置要求：

a.钢梁的临边和供人员行走的钢梁上可采用立杆式安全绳，防护立杆与钢梁之间的固定可采用焊接、立杆底部夹具连接等方式，应承受任何方向1kN外力作用，如图5-9所示。

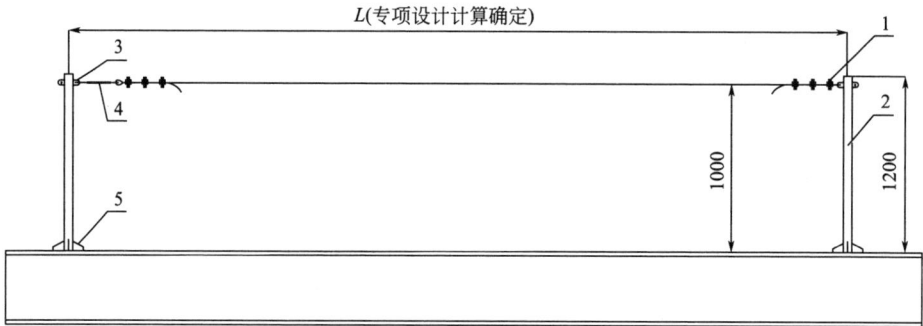

(a) 立杆式安全绳设置(单位：mm)
1—绳卡；2—立杆；3—穿绳环；4—花篮螺栓；5—劲板加固措施

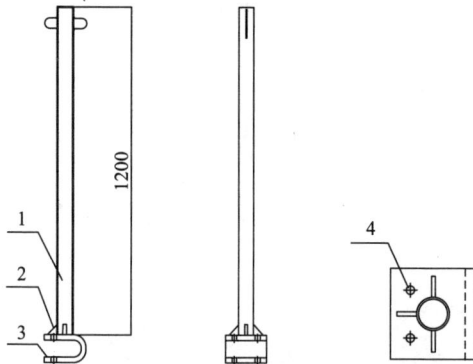

(b) 夹具式立杆示意图(单位：mm)
1—立杆；2—加劲板；3—U形钢板；4—紧固螺栓

图5-9　立杆式安全绳设置示意图

b.安全绳宜采用镀锌钢丝绳，其技术性能应符合现行国家标准《钢丝绳通用技术条件》GB/T 20118的要求，钢丝绳不允许断开后搭接或套接重新使用。

c.立杆间距、立杆与钢梁连接、镀锌钢丝绳直径等应进行专项设计计算。

d.立杆由规格ϕ18.3mm×3.6mm的钢管、底部加劲板和穿绳环组成,立杆高度不小于1.2m,钢丝绳距离梁上表面为1m。

e.钢梁立杆式安全绳应在钢梁吊装前安装就位。

② 水平网设置要求:

a.在施楼层必须满铺水平网,两层安全网之间的距离不应大于10m,在水平结构板(包括压型钢板)未封闭前不得拆除。

b.下挂式安全网挂钩采用不小于ϕ12mm圆钢冷弯制成,材质为Q235,与钢梁下翼缘板焊接横杆长度L不应小于20mm,挂钩间距不应大于750mm,安全网系绳与挂钩系挂牢固,如图5-10所示。

c.下挂式安全网挂钩应在钢梁吊装前与钢梁下翼缘板采用角焊缝焊接固定,焊缝焊高不应小于5 mm。

d.楼层钢梁吊装就位后,应按区域及时挂设好水平安全网。

e.安全网固定后弧垂应控制在20 ~ 50mm。

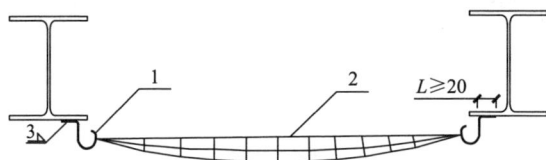

图 5-10　下挂式水平安全网(单位: mm)

1—挂钩;2—安全网

f.上挂式安全网适用于无压型钢板施工的工程项目,如图5-11所示。

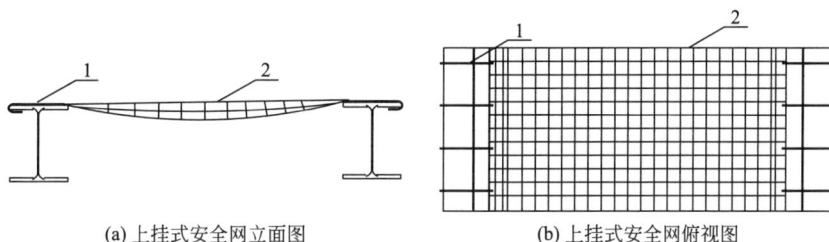

(a)上挂式安全网立面图　　　　(b)上挂式安全网俯视图

图 5-11　上挂式水平安全网

1—挂钩;2—安全网

g.上挂式安全网挂钩由ϕ10mm圆钢制作而成,挂钩长度根据现场实际设定,如图5-12所示。

h.上挂式安全网钢筋挂钩应与安全网边绳及钢梁上翼缘同时连接,挂钩间距不应大于750mm。

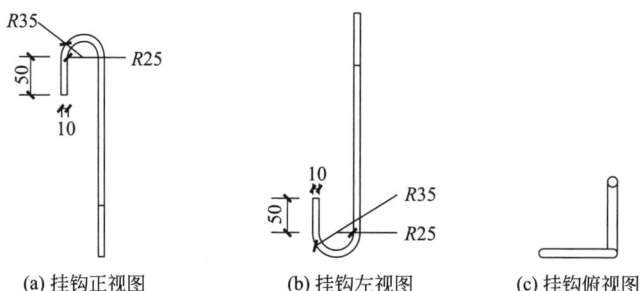

图 5-12　上挂式水平安全网挂钩（单位：mm）

i.待本层作业面所有钢结构施工工序均已完成后，方可拆除安全网，并向后续单位移交作业面。

◎**工作难点6：** *落地式操作平台倒塌亡人。*

解析

落地式操作平台发生倒塌事故，如有人在平台上，因堆载物料和作业，极易发生亡人事故。

1）应符合以下规定：

①落地式操作平台架体构造应符合下列规定：

a.操作平台高度不应大于15m，高宽比不应大于3：1；

b.施工平台的施工荷载不应大于2000N/m²；当接料平台的施工荷载大于2000N/m²时，应进行专项设计；

c.操作平台应与建筑物进行刚性连接或加设防倾措施，不得与脚手架连接；

d.用脚手架搭设操作平台时，其立杆间距和步距等结构要求应符合国家现行相关脚手架标准的规定；应在立杆下部设置底座或垫板、纵向与横向扫地杆，并应在外立面设置剪刀撑或斜撑；

e.操作平台应从底层第一步水平杆起逐层设置连墙件，且连墙件间隔不应大于4m，并应设置水平剪刀撑。连墙件应为可承受拉力和压力的构件，并应与建筑结构可靠连接。

②落地式操作平台搭设材料及搭设技术要求、允许偏差应符合国家现行相关脚手架标准的规定。

③落地式操作平台应按国家现行相关脚手架标准的规定计算受弯构件强度、

连接扣件抗滑承载力、立杆稳定性、连墙杆件强度与稳定性及连接强度、立杆地基承载力等。

④落地式操作平台一次搭设高度不应超过相邻连墙件两步。

⑤落地式操作平台拆除应由上而下逐层进行，严禁上下同时作业，连墙件应随施工进度逐层拆除。

⑥落地式操作平台检查验收应符合下列规定：

a.操作平台的钢管和扣件应有产品合格证；

b.搭设前应对基础进行检查验收，搭设中应随施工进度按结构层对操作平台进行检查验收；

c.遇6级以上大风、雷雨、大雪等恶劣天气及停用超过1个月，恢复使用前，应进行检查。

2）正确做法如图5-13所示。

图 5-13　落地式操作平台示意图

◎**工作难点7：悬挑式钢平台倾覆、坠落事故。**

解析

悬挑式钢平台因设计、加工、安装、管理上水平参差不齐，且现场使用上经常出现超限堆料、违规使用的情况，一旦发生倾覆、坠落，易出现较大安全事故。

1）应符合以下规定：

①悬挑式钢平台上部拉接吊点必须位于现浇混凝土结构上，混凝土强度应大

于10MPa。

②悬挑式钢平台的结构应稳定可靠，限制荷载不宜大于1.5t，安全系数不小于3。悬挑式钢平台的外侧应略高于内侧。

③悬挑式钢平台的悬挑长度不宜大于5m，承载面积应不大于20m²，长宽比应不大于1.5∶1，均布荷载不应大于5.5kN/m²，集中荷载不应大于15kN，悬挑梁应锚固固定。

④悬挑式钢平台悬挑主梁应使用整根的槽钢或工字钢，严禁接长使用，主体结构内锚固长度不宜小于1.5m；型钢规格不宜小于20号b，特殊工况下应经计算确定；主梁下与结构搁置边沿应设置限位装置，安装时应紧贴结构外立面。

⑤主梁上的吊环宜采用厚度不小于20mm钢板或直径不小于20mm圆钢制作，吊装吊环与受力吊环应分开设置，设置位置应保证吊装过程中重心平稳。钢板上挂绳孔孔径不宜小于35mm，且应机械钻孔，不得气焊割孔。圆钢应一次冷弯成型，不得反复弯折。吊环与主梁应满焊，不得有咬边、夹渣、裂纹等焊缝质量缺陷。两侧的吊点应设置在主梁上、护栏外，上部拉接吊点定位应使钢丝绳与平台主梁水平面垂直投影夹角在0°～5°，主绳吊点距平台前端不应大于500mm，保险绳吊点距主绳吊点不宜大于500mm。

⑥悬挑式钢平台次梁应使用整根槽钢或工字钢，规格不宜小于16号，不得接长使用，严禁超出主梁外边缘。主梁、次梁及防护栏杆应采用螺栓连接或焊接的方式。采用螺栓连接时，应机械钻孔，不得气焊割孔，螺栓规格不宜小于M16普通螺栓；采用焊接时，连接处均应满焊，不得有咬边、夹渣、裂纹等焊缝质量缺陷。

⑦悬挑式钢平台任何一个吊点、主绳、保险绳应能单独承载该侧所有荷载。主绳、保险绳应分别设置，与主梁水平夹角不得小于45°，必须同时张紧、受力，钢丝绳与吊点连接处应采用心形环保护，钢丝绳严禁与平台防护栏杆、主体结构、脚手架接触，严禁接长使用，严禁使用花篮螺栓。悬挑式钢平台钢丝绳直径不得小于21.5mm，安装与连接应符合《钢丝绳夹》GB/T 5976—2006的规定，并设置安全弯。

⑧悬挑式钢平台主绳、保险绳上部拉接吊点不应在同一位置，不宜采用同一种固定形式。

⑨悬挑式钢平台搁置点、上部拉接吊点应设置在稳定的主体结构上，位于悬挑结构时，应经结构设计单位书面确认。

⑩钢平台安装、提升、拆除期间，项目专职安全生产管理人员、安全监理工程师应现场监督。

⑪钢平台宜设置声光超载报警装置，具备现场超载报警功能。

⑫钢平台上的操作人员严禁超过2人，平台内侧应设置限制人员数量、荷载（吨位）的标识牌、验收标识牌、操作规程牌、量化标识牌。

⑬ 钢平台防护栏杆高度不低于1.5m，应以硬质材料进行封闭，防护栏杆应能承受任何方向1kN的外力作用。

⑭ 悬挑式钢平台穿墙螺栓、上部拉接吊点等主要受力构配件，应由具备相应钢结构工程施工资质的厂家加工制作，并提供生产厂家资质、原材料质量证明、焊缝检测报告、力学性能检测报告等资料。

⑮ 悬挑式钢平台穿墙螺栓、上部拉接吊点等重要受力构配件，每次进场前应经原制作单位全数检测，并提供相关检测报告；提升前应做外观检测，发现变形、开焊、松动、严重锈蚀等情况，应回厂维修检测。

2）正确做法如图5-14所示。

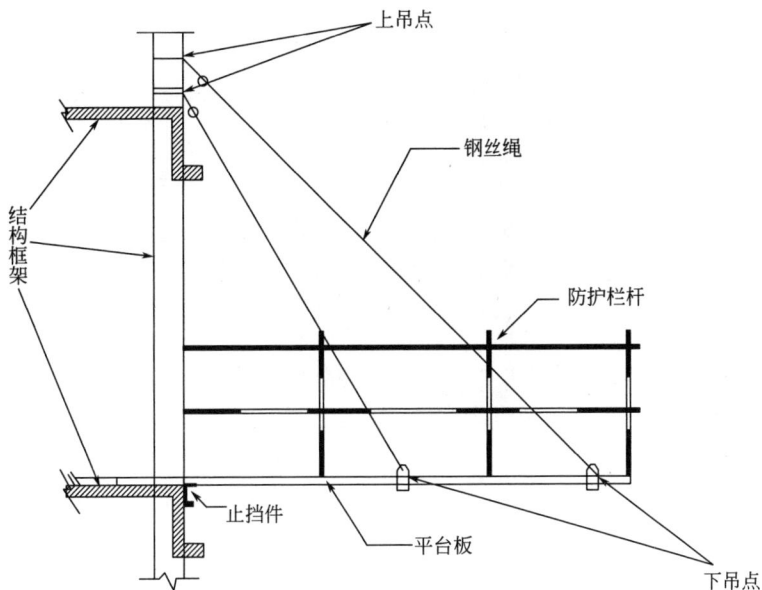

(a) 悬挑式卸料平台示意图1

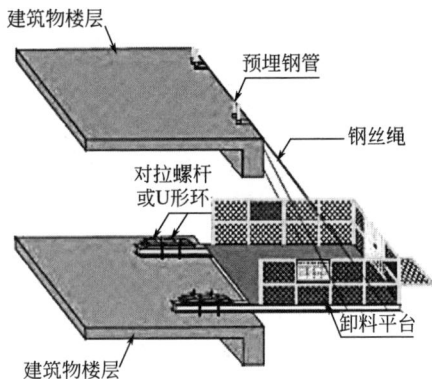

(b) 悬挑式卸料平台示意图2

图 5-14 悬挑式钢平台设置正确做法（一）

(c) 悬挑式钢平台内部设置实物图

(d) 悬挑式钢平台平地组装实物图

(e) 悬挑式钢平台安装实物图

图 5-14　悬挑式钢平台设置正确做法（二）

第6章 消防保卫安全管理难点与解析

6.1 消防保卫简介

建筑工程施工现场的防火必须遵循国家有关方针、政策，针对不同施工现场的火灾特点，立足自防自救，采取可靠防火措施，做到安全可靠、经济合理、方便实用。

6.2 难点与解析

6.2.1 总平面布局

◎**工作难点1：** 施工现场内未按规定设置临时消防车道、疏散通道、安全出口或以上设施被堵塞、占用。

解析

如果施工现场内未按规定设置临时消防车道、疏散通道、安全出口或以上设施被堵塞、占用，一旦发生火灾，消防救援车辆不能及时进入火灾现场。

1）应符合以下规定：

① 施工现场内应设置临时消防车道，临时消防车道与在建工程、临时用房、可燃材料堆场及其加工场的距离不宜小于5m，且不宜大于40m。

② 临时消防车道宜为环形，设置环形车道确有困难时，应在消防车道尽端设置尺寸不小于12m×12m的回车场。

③ 临时消防车道净宽度和净高度均不小于4m。

④ 临时消防车道的右侧应设置消防车行进路线指示标识。

⑤ 临时消防车道路基、路面及其下部设施应能承受消防车通行压力及工作

荷载。

⑥ 满足消防车布置在不同方向，不少于2个。确有困难只能设置1个，应在施工现场内设置满足消防车通行的环形通道。

2）正确做法如图6-1所示。

图 6-1 施工现场消防通道设置示意图

◎**工作难点2：** 在建工程、主要临时用房、临时设施的防火间距小于规定值。

解析

如果临时用房、临时设施的防火间距小于规定值，一旦发生火灾，不能有效阻挡火灾的蔓延。

应符合以下规定：

① 在建工程防火间距应符合表6-1规定。

在建工程防火间距要求   表 6-1

场所	易燃易爆危险品库房	可燃材料堆场及其加工场、固定动火作业场	其他临时用房、临时设施
间距（m）	≥ 15	≥ 10	≥ 6

② 主要临时用房、临时设施的防火间距应不小于表6-2规定。

主要临时用房、临时设施的防火间距要求   表 6-2

场所 / 间距（m）	办公用房、宿舍	发电机房、变配电房	可燃材料库房	厨房操作间、锅炉房	可燃材料堆场及其加工场	固定动火作业场	易燃易爆危险品库房
办公用房、宿舍	4	4	5	5	7	7	10
发电机房、变配电房	4	4	5	5	7	7	10

续表

场所 / 间距（m）	办公用房、宿舍	发电机房、变配电房	可燃材料库房	厨房操作间、锅炉房	可燃材料堆场及其加工场	固定动火作业场	易燃易爆危险品库房
可燃材料库房	5	5	5	5	7	7	10
厨房操作间、锅炉房	5	5	5	5	7	7	10
可燃材料堆场及其加工场	7	7	7	7	7	10	10
固定动火作业场	7	7	7	7	10	10	12
易燃易爆危险品库房	10	10	10	10	10	12	12

③ 当施工现场办公用房、宿舍成组布置时，其防火间距可适当减小，但应符合下列规定：

a. 每组临时用房的栋数不应超过10栋，组与组之间的防火间距不应小于8m；

b. 组内临时用房之间的防火间距不应小于3.5m，当建筑构件燃烧性能等级为A级时，其防火间距可减少到3m。

6.2.2　临时消防设施

◎**工作难点1：** 在施工中未配置灭火器或者灭火器配置不符合要求。

解析

如果未配置灭火器或者灭火器配置不符合要求，严重影响初期火灾的扑救，从而造成不可挽回的后果。

1）应符合以下规定：

① 在建工程及临时用房的下列场所应配置灭火器。

a. 易燃易爆危险品存放及使用场所；

b. 动火作业场所；

c. 可燃材料存放、加工及使用场所；

d. 厨房操作间、锅炉房、发电机房、变配电房、设备用房、办公用房、宿舍等临时用房；

e. 其他具有火灾危险的场所。

② 施工现场灭火器的配置应符合下列规定。

a. 灭火器的类型应与配备场所可能发生的火灾类型相匹配；

b. 灭火器的最低配置标准应符合表6-3的规定。

施工现场灭火器的最低配置标准　　　　　　　　　　表 6-3

场所位置	固体物质火灾		液体或可熔化固体物质火灾、气体火灾	
	单具灭火器最小灭火级别	单位灭火级别最大保护面积（m²/A）	单具灭火器最小灭火级别	单位灭火级别最大保护面积（m²/B）
易燃易爆危险品存放及使用场所	3A	50	89B	0.5
固定动火作业场所	3A	50	89B	0.5
临时动火作业点	2A	50	55B	0.5
可燃材料存放、加工及使用场所	2A	75	55B	1.0
厨房操作间、锅炉房	2A	75	55B	1.0
自备发电机房	2A	75	55B	1.0
变配电房	2A	75	55B	1.0
办公用房、宿舍	1A	100	—	—

③ 灭火器的配置数量应按照《建筑灭火器配置设计规范》GB 50140—2005经计算确定，且每个场所的灭火器数量不应少于2具，易燃易爆物品的库房及料场、木工操作间、厨房、配电室、泵房等重要场所的灭火器数量不应少于4具。

④ 灭火器的最大保护距离应符合表6-4规定。

灭火器的最大保护距离要求　　　　　　　　　　表 6-4

灭火器配置场所	固体物质火灾（m）	液体可熔化固体物质火灾、气体火灾（m）
易燃易爆危险品存放及使用场所	15	9
固定动火作业场所	15	9
临时动火作业点	10	6
可燃材料存放、加工及使用场所	20	12
厨房操作间、锅炉房	20	12
发电机房、变配电房	20	12
办公用房、宿舍等	25	—

2）正确做法如图6-2所示。

(a) 办公区配备灭火器

(b) 施工现场配备灭火器

(c) 动火作业点灭火器配备

图6-2　灭火器配置正确做法

◎**工作难点2：** 施工现场未按规定设置临时消防给水系统或消防给水系统不能正常使用。

解析

如果施工现场未按规定设置临时消防给水系统或消防给水系统不能正常使用，不能有效组织火灾蔓延。

1）应符合以下规定：

①临时室外消防

临时用房建筑面积之和大于1000m²或在建工程单体体积大于10000m³时，应设置临时室外消防给水系统。当施工现场处于市政消火栓150m保护范围内，且市政消火栓的数量满足室外消防用水量要求时，可不设置临时室外消防给水系统。

施工现场临时室外消防给水系统的设置应符合下列规定：

a.给水管网宜布置成环状；

b.临时室外消防给水干管的管径，应根据施工现场临时消防用水量和干管内水流计算速度计算确定，且不应小于DN100；

c.室外消火栓应沿在建工程、临时用房和可燃材料堆场及其加工场均匀布置，与在建工程、临时用房和可燃材料堆场及其加工场的外边线的距离不应小于5m；

d.消火栓的间距不应大于120m；

e.消火栓的最大保护半径不应大于150m。

② 临时室内消防

建筑高度大于24m或单体体积超过30000m³的在建工程，应设置临时室内消防给水系统。

在建工程临时室内消防竖管的设置应符合下列规定：

a.消防竖管的设置位置应便于消防人员操作，其数量不应少于2根，当结构封顶时，应将消防竖管设置成环状；

b.消防竖管的管径应根据在建工程临时消防用水量、竖管内水流计算速度计算确定，且不应小于DN100。

③ 消防配电线路

专用消防配电线路应自施工现场总配电箱的总断路器上端接入，且应保持不间断供电。

2）正确做法如图6-3所示。

(a) 室外消火栓　　　　　　　　　　　　(b) 室内消火栓

图6-3　室外、室内临时消防给水系统

6.2.3 防火管理

◎**工作难点1：** 施工现场可燃物、易燃易爆危险品的性能、堆放、储存及清理等不符合要求，如图6-4所示。

(a) 可燃材料超量、超高堆放　　　　　　(b) 可燃、易燃垃圾未及时清理

图6-4　施工现场可燃物堆放常见问题

解析

如果施工现场可燃物、易燃易爆危险品的性能、堆放、储存及清理等不符合要求，极易引发现场火灾。

1）应符合以下规定：

①用于在建工程的保温、防水、装饰及防腐等材料的燃烧性能等级应符合设计要求。

②可燃材料及易燃易爆危险品应按计划限量进场。进场后，可燃材料宜存放于库房内，露天存放时，应分类成垛堆放，垛高不应超过2m，单垛体积不应超过50m³，垛与垛之间的最小间距不应小于2m，且采用不燃或难燃材料覆盖；易燃易爆危险品应分类专库储存，库房内应通风良好，并应设置严禁明火标志。

③室内使用油漆及其有机溶剂、乙二胺、冷底子油等易挥发产生易燃气体的物资作业时，应保持良好通风，作业场所严禁明火，并避免产生静电。

④施工产生的可燃、易燃建筑垃圾或余料，应及时清理。

2）正确做法如图6-5所示。

(a) 露天成垛堆放　　　　　　　　　　　　　(b) 库房内分类堆放

图 6-5　施工现场可燃材料合规堆放示意图

◎**工作难点2：** 施工现场未建立实施动火审批制度或现场动火部位未设置动火监护人、未清理动火作业现场可燃物、未配备消防器材。

解析

不符合动火作业要求就进行动火作业的行为会引发严重的火灾。

1）应符合以下规定：

① 动火作业前办理动火许可证，动火操作人员应具有相应资格。

② 焊接、切割、烘烤或加热等动火作业前，对作业现场的可燃物进行清理。作业现场及其附近无法移走的可燃物应采用不燃材料对其覆盖或隔离。

③ 裸露的可燃材料上严禁直接进行动火作业。动火作业应配备灭火器材，并设置动火监护人进行现场监护，每个动火作业点均应设置一个监护人。五级及以上风力时，无可靠的挡风措施禁止室外动火作业。

④ 具有火灾、爆炸危险的场所严禁明火。

2）正确做法如图6-6所示。

◎**工作难点3：** 不严格执行施工现场用电管理规定。

解析

临时用电管理极其重要，坚决杜绝电气火灾事故。

动火监护人

消防措施

正在动火

持证操作焊工

图6-6　施工现场规范动火作业示意图

应符合以下规定：

① 电气线路应具有相应的绝缘强度和机械强度，严禁使用绝缘老化或失去绝缘性能的电气线路，严禁在电气线路上悬挂物品。破损、烧焦的插座、插头应及时更换。

配电屏上每个电气回路应设置剩余电流动作保护器、过载保护器，距离配电屏2m范围内不应堆放可燃物，5m范围内不应设置可能产生较多易燃易爆气体、粉尘的作业区。

③ 可燃材料库房不应使用高热灯具，易燃易爆危险品库房内应使用防爆灯具。

④ 普通灯具与易燃物的距离不宜小于300mm，聚光灯、碘钨灯等高热灯具与易燃物的距离不宜小于500mm。

◎**工作难点4：施工现场气瓶未按规定储存、使用。**

 解析

如果施工现场气瓶未按规定储存、使用，极易造成可燃气体失控，引发现场火灾事故。

1）应符合以下规定：

① 储装气体的罐瓶及其附件应合格、完好和有效；严禁使用减压器及其他附件缺损的氧气瓶，严禁使用乙炔专用减压器、回火防止器及其他附件缺损的乙

炔瓶。

②气瓶应保持直立状态，并采取防倾倒措施，乙炔瓶严禁横躺卧放。

③气瓶应远离火源，与火源的距离不应小于10m，并采取避免高温和防止暴晒的措施。

④气瓶应分类存放，空瓶和实瓶的间距不应小于1.5m。

⑤氧气瓶与乙炔瓶的工作间距不应小于5m，气瓶与明火作业点的距离不应小于10m。

⑥氧气瓶内剩余气体的压力不应小于0.1MPa。

2）正确做法如图6-7所示。

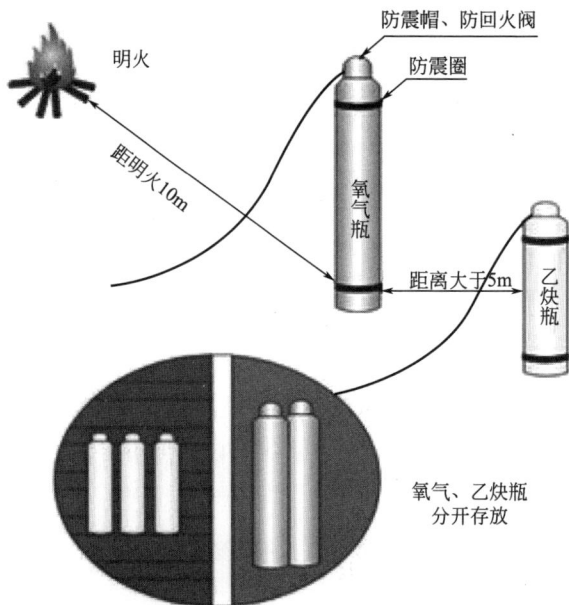

图6-7 施工现场气瓶安全储存、使用示意图

第7章 基坑施工安全管理难点与解析

7.1 基坑支护简介

7.1.1 定义

基坑支护是指为保证地下主体结构施工和基坑周边环境的安全，对基坑采用的临时性支挡、加固、保护与地下水控制的措施。

深基坑工程：开挖深度超过3m（含3m）或虽未超过3m但地质条件和周边环境以及地下管线复杂，或影响毗邻建（构）筑物安全的土方开挖、支护、降水工程属于深基坑工程。

7.1.2 分类

基坑工程按其开挖深度及地质条件和周边环境等因素可分为浅基坑工程和深基坑工程，浅基坑和深基坑适用不同的支护结构形式，分别如下：

（1）浅基坑支护

①锚拉支撑；②斜柱支撑；③型钢桩横挡板支撑；④短桩横隔板支撑；⑤临时挡土墙支撑；⑥挡土灌注桩支护；⑦叠袋式挡墙支护。

（2）深基坑支护

①排桩支护；②地下连续墙；③水泥土桩墙；④逆作拱墙。

7.2 难点与解析

7.2.1 土方开挖

◎**工作难点1：** 未对可能造成损害的毗邻建（构）筑物和地下管线等采取专项防护措施，如图7-1所示。

解析

土方开挖时，施工机械可能会对未采取防护措施的地下管线造成破坏，并且基坑开挖必定会引起邻近基坑周围土体的变形，而且土体的变形是不均匀的，愈接近基坑中心的位置变形愈大。过量的变形将影响邻近建筑物、构筑物和市政管线的正常使用，导致交通堵塞、通信中断、水电不能供应等，引发的社会经济损失是相当严重的。

图 7-1　地下管线受到破坏

1）应符合以下规定：

① 土方开挖前，应查明基坑周边影响范围内建（构）筑物、上下水、电缆、燃气、排水及热力等地下管线情况，并采取措施保护其使用安全。

② 开挖深度超过2m的基坑周边必须安装防护栏杆。防护栏杆应符合《建筑施工土石方工程安全技术规范》JGJ 180的相关规定。

2）正确做法如图7-2所示。

(a)悬空管线吊起保护

(b)基坑按方案进行支护

图 7-2　基坑开挖前保护措施正确做法

◎**工作难点2：** 基坑土方超挖且支护不及时。

解析

基坑超挖会使基底以上主动土压力变大，水平位移增大，且在基坑支护不到位的情况下，超挖后土的剪应力增加，一旦剪应力增加超过极限值，造成滑坡或者坍塌，从而引起基坑周边环境受损，同时影响坑内作业人员安全，酿成重大安全事故。

应符合以下规定：

① 基坑工程应遵循先设计后施工的原则；应按设计和施工方案要求，分层分段、均衡开挖。

② 基坑支护结构必须在达到设计要求的强度后，方可开挖下层土方，严禁提前开挖和超挖。

◎**工作难点3：** 应急预案编制不符合要求。

解析

编制应急预案，能够在发生事故时以最快的速度发挥最大的效能，有序实施救援，达到尽快控制事态发展，降低事故造成的危害，使任何可能引起的紧急情况不扩大，并尽可能地排除，以减少紧急事件对人、财产和环境所产生的不利影响或危害。

应符合以下规定：

① 基坑工程发生险情时，应采取下列应急措施：坑外地下水位下降速率过快引起周边建（构）筑物与地下管线沉降速率超过警戒值，应调整抽水速度减缓地下水位下降速度或采用回灌措施；围护结构渗水、流土，可采用坑内引流、封堵或坑外快速注浆的方式进行堵漏；情况严重时应立即回填，再进行处理；开挖底面出现流砂、管涌时，应立即停止挖土施工，根据情况采取回填、降水法降低水头差、设置反滤层封堵流土点等方式进行处理。

② 基坑工程施工引起邻近建筑物开裂及倾斜事故时，应根据具体情况采取下列处治措施：立即停止基坑开挖，回填反压；增设锚杆或支撑；采取回灌、降水等措施调整降深；在建筑物基础周围采用注浆加固土体；制定建筑物的纠偏方案并组织实施；情况紧急时应及时疏散人员。

③ 基坑工程引起邻近地下管线破裂，应采取下列应急措施：立即关闭危险管道阀门，采取措施防止产生火灾、爆炸、冲刷、渗流破坏等安全事故；停止基坑

开挖，回填反压、基坑侧壁卸载；及时加固、修复或更换破裂管线。

④ 基坑工程变形监测数据超过报警值，或出现基坑、周边建（构）筑物、管线失稳破坏征兆时，应立即停止施工作业，撤离人员，待险情排除后方可恢复施工。

◎**工作难点4：危险源识别不全面、不准确。**

📖 **解析**

在不同的作业环节，其危险源因素存在较大差异，对危险源识别若不全面、不准确，则不能有效预防事故发生、评估损失和伤害的可能性，不能及时采取有效的对策措施，从而造成财产的损失、人员的伤害和伤亡。

应符合以下规定：

① 危险源分析应根据基坑工程周边环境条件和控制要求、工程地质条件、支护设计与施工方案、地下水与地表水控制方案、施工能力与管理水平、工程经验等进行，并应根据危险程度和发生的频率，识别为重大危险源和一般危险源。

② 符合以下特征之一的必须列为重大危险源：

a.开挖施工对邻近建（构）筑物、设施必然造成安全影响或有特殊保护要求的；

b.达到设计使用年限拟继续使用的；

c.改变现行设计方案，进行加深、扩大及改变使用条件的；

d.邻近的工程建设，包括打桩、基坑开挖、降水施工等影响基坑支护安全的；

e.邻水的基坑。

③ 以下情况应列为一般危险源：

a.存在影响基坑工程安全性、适用性的材料低劣、质量缺陷、构件损伤或其他不利状态；

b.支护结构、工程桩施工产生的振动、剪切等可能产生流土、土体液化、渗流破坏；

c.截水帷幕可能发生严重渗漏；

d.交通主干道位于基坑开挖影响范围内，或基坑周围建筑物管线、市政管线可能产生渗漏、管沟存水，或存在渗漏变形敏感性强的排水管等可能发生的水作用产生的危险源；

e.雨期施工，土钉墙、浅层设置的预应力锚杆可能失效或承载力严重下降；

f.侧壁为杂填土或特殊性岩土；

g.基坑开挖可能产生过大隆起；

h.基坑侧壁存在振动荷载；

i.内支撑因各种原因失效或发生连续破坏；

j.对支护结构可能产生横向冲击荷载；

k.台风、暴雨或强降雨降水致使施工用电中断，基坑降排水系统失效；

l.土钉、锚杆蠕变产生过大变形及地面裂缝。

④危险源分析应采用动态分析方法，并应在施工安全专项方案中及时对危险源进行更新和补充。

7.2.2　基坑支护

◎**工作难点**：明挖基坑（槽）深度超过1.5m，未按设计及方案放坡或采取支护措施，如图7-3所示。

(a) 基坑放坡坡度不够　　　　　　　　(b) 坑深超1.5m未采取放坡或支护

图7-3　基坑支护常见安全问题

解析

基坑开挖一定深度后，会引起基坑周围土体的变形，当基坑边荷载加大时，未按照设计放坡或采用支护措施时，会造成基坑土方坍塌，从而对基底施工人员造成安全隐患。

1）应符合以下规定：

①放坡开挖的基坑边坡坡度应根据土层性质、开挖深度确定，各级边坡坡度不宜大于1：1.5，淤泥质土层中不宜大于1：2.0；多级放坡开挖的基坑，坡间放坡平台宽度不宜小于3.0m，且不应小于1.5m。

② 基坑开挖应按照先撑后挖、限时支撑、分层开挖、严禁超挖的方法确定开挖顺序，应减小基坑无支撑暴露开挖时间和空间。混凝土支撑应在达到设计要求的强度后进行下层土方开挖；钢支撑应在质量验收并施加预应力后进行下层土方开挖。

2）正确做法如图7-4所示。

(a) 按方案规范放坡   (b) 挡土墙基坑支护

图7-4　基坑支护正确做法

7.2.3　深基坑监测

◎**工作难点1：深基坑未进行第三方监测。**

解析

由于地下土体性质、荷载条件、施工环境的复杂性，对施工过程中引发的土体性状、环境、邻近建筑物、地下设施变化进行监测，便成了工程建设必不可少的重要环节。对于复杂的大中型工程或环境要求严格的项目，往往很难从以往的经验中得到借鉴，也难以从理论上找到定量分析、预测的方法，这就必定要依赖施工过程中的现场监测。

1）应符合以下规定：

① 基坑工程施工前，应由建设方委托具备相应资质的第三方对基坑工程实施现场监测，且监测项目符合《建筑基坑工程监测技术标准》GB 50497—2019的相关规定。

② 当基坑工程设计或施工有重大变更时，监测单位应与建设方及相关单位研

究并及时调整监测方案。

2）正确做法：

基坑工程施工期间全过程严格实施基坑监测，如图7-5所示。

图 7-5 基坑监测示意图

◎**工作难点2：基坑边堆置土、料具等荷载超过设计限值。**

解析

基坑边堆载会造成土体剪切应力增大，极易发生滑坡塌方，遇到雨雪天气更危险。基坑边缘堆置土方及建筑材料或沿挖方边缘移动相应载具及机械，一般应距离基坑上部边缘2m以上，且堆置高度不超过1.5m。

1）应符合以下规定：

① 基坑周边、放坡平台的施工荷载应按照设计要求进行控制；基坑开挖的土方不应在邻近建筑物及基坑周边影响范围内堆放，应及时外运。

② 支护结构施工与基坑开挖期间，支护结构达到设计强度要求前，严禁在设计预计的滑裂面范围内堆载；临时土石方的堆放应进行包括自身稳定性、邻近建筑物地基和基坑稳定性验算。

2）正确做法如图7-6所示。

(a) 基坑护栏外　　　　　　　　　　　　　(b) 基坑护栏内

图 7-6　基坑边无堆载示意图

◎**工作难点3：** 变形监测超过预警值。

解析

监测预警是基坑工程实施监测的目的之一，是预防基坑工程事故发生、确保基坑及周边环境安全的重要措施。监测预警值是监测工作的实施前提，是监测期间对基坑工程正常、异常和危险三种状态进行判断的重要依据，因此基坑工程监测应确定监测预警值。

应符合以下规定：

① 基坑变形超过报警值时应调整分层、分段土方开挖等施工方案，或采取加大预留土墩，坑内堆沙袋、回填土、增设锚杆、支撑、坑外卸载、注浆加固、托换等措施。

② 基坑工程施工过程中每天应有专人进行巡视检查，巡视检查应符合下列规定：

支护结构，应包含下列内容：冠梁、腰梁、支撑裂缝及其发展情况；围护墙、支撑、立柱变形情况；截水帷幕开裂、渗漏情况；墙后土体裂缝、沉陷或滑移情况；基坑涌土、流砂、管涌情况。

施工工况，应包含下列内容：土质条件与勘察报告的一致性情况；基坑开挖分段长度、分层厚度、临时边坡、支锚设置与设计要求的符合情况；场地地表水、地下水排放状况，基坑降水、回灌设施的运转情况；基坑周边超载与设计要求的符合情况。

周边环境，应包含下列内容：周边管道破损、渗漏情况；周边建筑开裂、裂缝发展情况；周边道路开裂、沉陷情况；邻近基坑及建筑物的施工状况；周边公众反应。

监测设施，应包含下列内容：基准点、监测点完好状况；监测元件的完好和保护情况；影响观测工作的障碍物情况。

③ 监测数据达到监测预警值时，应立即预警，通知有关各方及时分析原因并采取相应措施。

④ 当出现下列情况之一时，必须立即进行危险报警，并应通知有关各方对基坑支护结构和周边环境保护对象采取应急措施：基坑支护结构的位移值突然明显增大或基坑出现流砂、管涌、隆起、陷落等；基坑支护结构的支撑或锚杆体系出现过大变形、压屈、断裂、松弛或拔出的迹象；基坑周边建筑的结构部分出现危害结构的变形裂缝；基坑周边地面出现较严重的突发裂缝或地下空洞、地面下陷；基坑周边管线变形突然明显增长或出现裂缝、泄漏等；冻土基坑经受冻融循环时，基坑周边土体温度显著上升，发生明显的冻融变形；出现基坑工程设计方提出的其他危险报警情况，或根据当地工程经验判断，出现其他必须进行危险报警的情况。

第8章 施工机械安全管理难点与解析

8.1 施工机械简介

施工机械是工程建设和城乡建设所用机械设备的总称。

建筑施工常用施工机械包含：

（1）起重机械：履带式起重机，汽车起重机，轮胎式起重机，塔式起重机，门式起重机与捯链，施工升降机，物料提升机等。

（2）土方机械：挖掘机，推土机，自行式铲运机，装载机，压路机，蛙式打夯机等。

（3）桩工机械：旋挖钻机，长螺旋钻机，成槽机，套管钻机，静力压桩机，冲孔桩机，柴油打桩锤，振动桩锤等。

（4）混凝土机械：搅拌机，混凝土泵车，混凝土泵，振捣机械，布料机，混凝土搅拌运输车，混凝土喷射机等。

（5）钢筋机械：钢筋除锈机，钢筋调直机，钢筋切断机，钢筋弯曲机，对焊机，钢筋套丝机等。

（6）木工机械：平刨，压刨，圆盘锯等。

（7）水电加工机械：套丝机，电焊机，切割机等。

（8）拆除机械：液压剪，电镐，混凝土切割机等。

（9）其他中小型机械：水泵，手持电动工具，手拉葫芦，发电机等。

8.2 难点与解析

◎工作难点1： 建筑起重机械未经验收合格投入使用。

解析

建筑起重机械进场安装后，未经专业检测公司检测，未经总承包单位，监理单位，产权单位，安装单位联合验收，即投入使用。

应符合以下规定：

① 建筑起重机械安装完毕后，使用单位应当组织出租、安装、监理等有关单位进行验收，或者委托具有相应资质的检验检测机构进行验收。建筑起重机械经验收合格后方可投入使用，未经验收或者验收不合格的不得使用。实行施工总承包的，由施工总承包单位组织验收。建筑起重机械在验收前应当经有相应资质的检验检测机构监督检验合格。检验检测机构和检验检测人员对检验检测结果、鉴定结论依法承担法律责任。

② 使用单位应当自建筑起重机械安装验收合格之日起30日内，将建筑起重机械安装验收资料、建筑起重机械安全管理制度、特种作业人员名单等，向工程所在地县级以上地方人民政府建设主管部门办理建筑起重机械使用登记。登记标志置于或者附着于该设备的显著位置。

◎**工作难点2：** 在用起重机械超过使用年限未评估或评估不合格。

解析

起重机械超过使用年限未评估或评估不合格，现场仍在使用，未停用拆卸。

应符合以下规定：

① 依据《建筑起重机械安全评估技术规程》JGJ/T 189要求，对于达到下列条件之一的塔式起重机和施工升降机（含物料提升机）应由有资质的评估检测机构进行安全评估，合格后方可使用。

a.塔式起重机：630kN·m以下（不含630kN·m）、出厂年限超过10年（不含10年）；630 ~ 1250kN·m（不含1250kN·m）、出厂年限超过15年（不含15年）；1250kN·m以上（含1250kN·m）、出厂年限超过20年（不含20年）。

b.施工升降机：出厂年限超过8年（不含8年）的SC型施工升降机；出厂年限超过5年（不含5年）的SS型施工升降机。

② 安全评估机构应具有机械、电气和无损检测技术等专业人员，并应有无损检测、壁厚测量等满足评估要求的检测仪器设备。

③ 塔式起重机和施工升降机的评估应以重要结构及主要零部件、电气系统、安全装置和防护设施等为主要内容。

④ 塔式起重机和施工升降机的重要结构件宜包括下列主要内容：

a.塔式起重机：塔身、起重臂、平衡臂（转台）、塔帽或塔顶构造、拉杆、回转支撑座、附着装置、顶升套架或内爬升架、行走底盘及底座等。

b.施工升降机：导轨架（标准节）、吊笼、天轮架、底架及附着装置等。

⑤ 评估结论分为"合格"和"不合格"。

⑥ 塔式起重机和施工升降机应先进行安全评估，安全评估报告的有效期限规定如下：

a.塔式起重机：630kN·m以下（不含630kN·m）评估合格最长有效期限为1年；630～1250kN·m（不含1250kN·m）评估合格最长有效期限为2年；1250kN·m以上（含1250kN·m）评估合格最长有效期限为3年。

b.施工升降机：SC型评估合格最长有效期限为2年；SS型评估合格最长有效期限为1年。

⑦ 经评估为合格或不合格的建筑起重机械，设备产权单位应在建筑起重机械的标牌和司机室等部位挂牌明示。

◎**工作难点3：起重机械安全保护装置缺失或失效。**

解析

起重机安全保护装置是起重机械实现本质安全的重要措施，也是保证起重机械安全的底线，必须确保可靠、有效。

1）应符合以下规定：

① 塔式起重机安全保护装置

a.塔式起重机安全保护装置检查周期须满足现行国家标准《起重机械 检查与维护规程 第3部分：塔式起重机》GB/T 31052.3中相关要求。

b.其他安全装置主要包括：钢丝绳防脱槽装置小车断绳保护装置、小车防断轴装置、起重臂终端缓冲装置、吊钩防钢丝绳脱钩装置、障碍指示灯、风速仪、急停开关。

c.起升高度限位器灵敏可靠，当吊钩装置顶升至起重臂下端的最小距离为800mm处时，能立即停止起升运动。钢丝绳排列整齐，润滑良好，无断股现象，防脱槽装置完好。

d.变幅限位器灵敏可靠，变幅限位器开关动作后应保证小车停车时其端部距缓冲装置最小距离为200mm。钢丝绳排列整齐，无断股现象，断绳保护装置完好。

e.回转限位器灵敏可靠，回转限位开关动作时塔式起重机臂架旋转角度应不大于1080°。回转黄油充足，运行时无顿抖现象和异常声响。

f.起重量限制器灵敏可靠，综合误差不大于额定值的±5%。

g.起重力矩限制器灵敏可靠，综合误差不大于额定值的±5%。微动开关无锈蚀，手动按下反弹灵活，防护罩完好。

h.塔式起重机变幅小车应安装断绳保护及断轴保护装置。塔式起重机安装高度大于30m应安装红色障碍灯，大于50m应安装风速仪。

i.塔式起重机吊钩应安装钢丝绳防脱钩装置，滑轮、卷筒应安装钢丝绳防脱装置。吊钩、卷筒及钢丝绳的磨损、变形等应在规定允许范围内；卷筒上钢丝绳排列整齐。

② 施工升降机安全保护装置

a.防坠安全器在使用中不得任意调整，是否在有效的标定期限内使用，有效标定期限不应超过一年，使用年限为五年。

b.超载保护装置，超载110%应能中止使用，超载90%应能给出报警信号。

c.吊笼门应装有机械锁止装置和电气安全开关，只有当门完全关闭后，吊笼才能启动。

d.施工升降机必须设置独立的、非自动复位型的极限开关，非自动复位型的急停开关，防松绳开关，吊笼、对重底座应设置缓冲器。

2）正确做法如图8-1和图8-2所示。

图8-1 塔式起重机安全保护装置设置

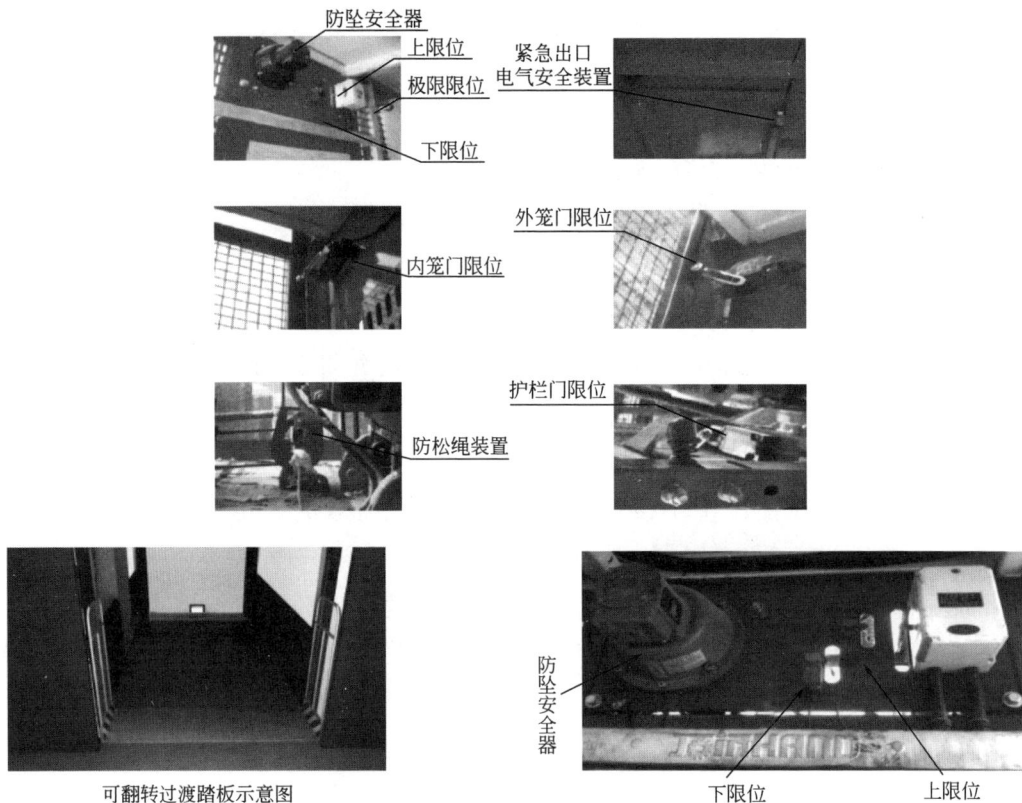

防坠安全器
上限位
极限限位
下限位
紧急出口
电气安全装置

外笼门限位
内笼门限位

护栏门限位
防松绳装置

可翻转过渡踏板示意图

防坠安全器
下限位
上限位

图8-2　施工升降机安全保护装置设置示意图

◎ **工作难点4：塔式起重机群塔作业，安全距离不符合要求。**

解析

未编制群塔方案，不同总承包单位的塔式起重机有交叉，业主方未统一协调编制群塔方案，未统一安装、顶升管理。

应符合以下规定：

① 任意两台塔式起重机之间的最小架设距离应符合下列规定：低位塔式起重机的起重臂端部与另一台塔式起重机的塔身之间的距离不得小于2m；高位塔式起重机的最低位置的部件（或吊钩升至最高点或平衡重的最低部位）与低位塔式起重机中处于最高位置的部件之间的垂直距离不得小于2m。

② 施工现场两台（或以上）起重机械存在相互干扰的多台多机种作业工程，应编制群塔作业安全专项施工方案。

③ 推广安装使用群塔防碰撞装置，实现对塔式起重机自身运行状态的实时检测、自动预警和风险控制，减小塔式起重机碰撞概率。

正确做法如图8-3所示。

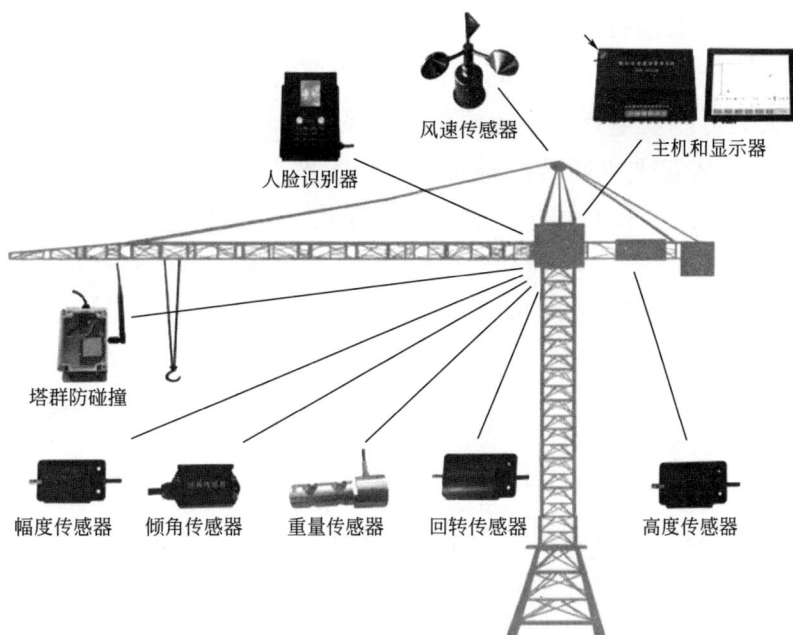

图8-3　塔式起重机安装塔群防碰撞装置

◎**工作难点5：塔式起重机顶升、落节违规作业造成倒塔事故**（图8-4）。

解 析

　　塔式起重机普遍采用液压顶升方式，塔式起重机的顶升过程是极易发生塔式起重机重大安全事故的环节，务必由专业塔式起重机安装人员，严格按照说明书步骤要求操作。

　　应符合以下规定：

　　① 塔式起重机最高处风速大于4级，不得进行顶升作业。

　　② 顶升作业前，一定要检查顶升系统的工作是否正常。液压管路必须充分排气，油液保持足够，接头连接可靠。进油口和出油口不能接反。顶升时，液压系统的油压过高，

图8-4　塔式起重机倒塔事故

顶升阻力比设计值增大很多，不仅容易损坏液压系统，而且可能造成重大事故。发现油压升高异常时，立即停机检查，排除危险因素后再继续顶升；下降时，回油必须通过平衡阀或液控单向阀来控制下降速度，以防止产生过大的震动、冲击以及管路爆裂而自由下落；溢流阀的设定压力要符合使用说明书的要求，太小则无法顶升，太大可能发生意外事故损害液压系统。

③ 顶升前塔式起重机回转部分必须进行配平，将变幅小车开往指定位置或带着说明书规定的荷载，停在指定的幅度来保证塔式起重机上部的平衡。

④ 严禁在顶升系统正在顶起或已顶起时进行吊重及小车移动。

⑤ 顶升过程中必须保证起重臂与引入标准节（或标准节）方向一致，并利用回转机构制动器将起重臂制动住，载重小车必须停在顶升配平位置。

⑥ 要设专人站在下平台观察顶升挂板是否挂在踏步槽内及插入、拔出安全销。

◎**工作难点6：** 使用混凝土输送泵车时，场地平整度、基础承载力和支腿伸出长度不满足说明书的要求，导致混凝土输送泵车失稳，如图8-5所示。

图8-5　混凝土输送泵车失稳

解析

混凝土输送泵车在浇筑混凝土时，因场地临时道路平整度、基础承载力和支腿伸出长度不足，同时因臂架高度大，且有混凝土泵送动荷载，一旦发生倾倒，极易出现严重的安全事故。

应符合以下规定：

①混凝土汽车输送泵进场前，设备管理员必须收集其出厂合格证、产权备案证、年检合格证等资料。

②混凝土汽车输送泵应停放在平整坚实的地方，支腿底部应用垫木支撑平稳，臂架转动范围内不得有障碍物，严禁在高压输电线路下作业。

③混凝土浇筑时，现场工程师需对混凝土汽车输送泵定期进行巡视，确保泵车作业的环境安全。

④作业中应严格按顺序打开臂架，风力大于6级（含6级）时严禁作业。

⑤混凝土浇筑过程中需加强文明施工，设专人对路面进行清洗，做到工完场清。

⑥罐车的出入及停靠必须有专人指挥。

◎**工作难点7：** 使用登高作业车违规操作，现场无专人看护，造成倾覆、机械伤害事故。

解析

目前在使用的登高作业车样式繁多，有曲臂式、直臂式、剪叉式、桅柱式、自走式等。虽然都是国家合法合规的产品，但在施工现场使用时，还是存在缺少操作规程及相关制度，缺少专业作业人员，缺少管理使用经验的情况。

1）应符合以下规定：

①登高作业机械进场前须进行验收，合格后方可投入使用。每日班前详细检查各部件情况并做好记录，经试车合格后再进行作业。

②登高作业机械操作人员经体检合格并取得操作证后方准独立操作，同一登高车上作业人员不得超过2人。

③作业前应按规定穿戴好劳保用品，安全带应挂在独立的固定点上。

④禁止将登高作业机械任何部分作其他结构的支撑，不得将登高车作起重机械使用，不得随意增大平台面积，不得超载使用。

⑤室外作业时，当风速达到或超过6级时，禁止使用登高车。

⑥登高作业机械作业区域设警戒线，操作平台正下方不得作业、站人和行走，地面设置专人监护。

⑦登高作业机械作业后应及时将平台收回，非作业时操作平台严禁长时间停留高空。

2）正确做法如图8-6所示。

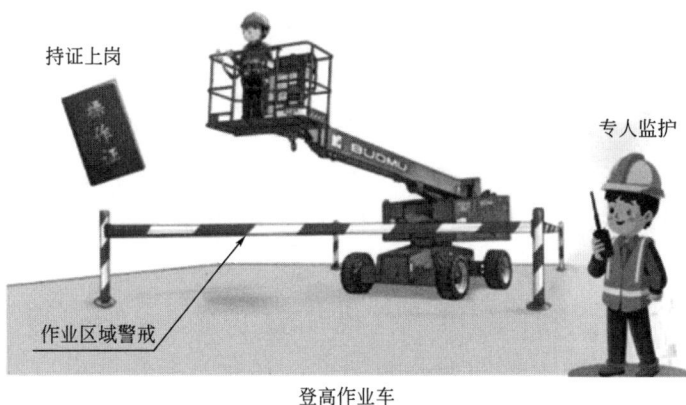

持证上岗

专人监护

作业区域警戒

登高作业车

图 8-6　登高作业车规范使用示意图

◎**工作难点8：流动式起重机倾倒、断臂、吊物伤人事故如图8-7所示。**

图 8-7　流动式起重机倾倒

解析

　　流动式起重机是建筑行业内使用最频繁的起重机械，使用门槛低，各级监管力度不足，且多为租赁设备，产权单位管理水平参差不齐，甚至有租赁挂靠个人设备的情况。

　　应符合以下规定：

① 进场汽车起重机应对报验手续进行审核，审核资料包括：设备合格证、行驶证、机动车检验合格证、安全检验合格证、特种作业操作证、铭牌复印件、带有汽车号码的全车照片复印件等。

② 汽车起重机现场重点检查吊车吊索具、安全保险装置是否可靠有效、支腿是否完全打开、周边是否存在高压线等危险因素等，同时设置警戒隔离区域，专人看护。

③ 大雨、大雾、6级以上大风等恶劣天气条件，禁止室外吊装作业。

④ 起重机工作场地应保持平坦坚实，地面松软不平时，支腿应用垫木垫实。

⑤ 作业前应全部伸出支腿，调整机体使回转支撑面的倾斜斜度在无荷载时不大于1/1000（水准居中）。支腿的定位销必须插上。

⑥ 工作时起重臂的最大和最小仰角不得超过其额定值，如无相应资料时，最大仰角不得超过78°，最小仰角不得小于45°。作业中不得扳动支腿操纵阀，调整支腿时应在无载荷时进行。

⑦ 作业后，应将起重臂全部缩回放在支架上，再收回支腿。吊钩用钢丝绳挂牢；应将取力器操纵手柄放在脱开位置，最后锁住起重操纵室门。

正确做法如图8-8所示。

(a) 起重机液压支腿伸出示意图　　　　(b) 起重机作业隔离示意图

图 8-8　汽车起重机作业正确做法示意图

第9章 有限空间安全管理难点与解析

9.1 有限空间简介

有限空间作业是一种带有较大危险性的作业，因此在作业过程中要强化管理，严格控制危险辨识和作业操作程序。有限空间风险识别如图9-1所示。

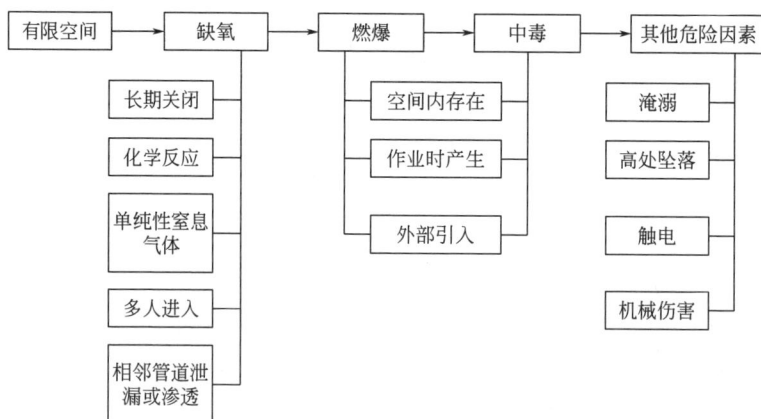

图 9-1 有限空间风险识别

施工现场的有限空间危害物质包括：

（1）建筑材料类：混凝土添加剂、防水涂料、防腐保温材料、挥发性有机溶剂，以及含苯、甲苯、二甲苯、氨、聚氨酯等物质的其他施工材料；

（2）施工环境中存在或者施工产生的有害物质：煤炭或汽柴油燃烧物、一氧化碳、二氧化碳、二氧化硫、硫化氢、粉尘、瓦斯等。

9.1.1 定义

（1）有限空间：封闭或部分封闭、进出口受限但人员可以进入、未被设计为固定工作场所，自然通风不良，易造成有毒有害、易燃易爆物质积聚或氧含量不足的空间。

（2）有限空间作业：进入有限空间实施的作业活动。

（3）有限空间作业安全生产条件：满足有限空间作业安全所需的安全生产责任制、安全生产规章制度、操作规程、安全防护设备设施、应急救援设备设施、人员资质和应急处置能力等条件的总称。

9.1.2　分级

根据危险有害程度由高至低，将有限空间作业环境分为1级、2级和3级。3级环境可实施作业，2级环境必须进行机械通风佩戴防护用品，1级环境不得作业。

（1）符合下列条件之一的环境为1级：

1）氧含量小于19.5%或大于23.5%；

2）可燃性气体、蒸气浓度大于爆炸下限（LEL）的10%；

3）有毒有害气体、蒸气浓度大于《工作场所有害因素职业接触限值　第1部分：化学有害因素 》GBZ 2.1规定的限值。

（2）氧含量为19.5%～23.5%，且符合下列条件之一的环境为2级：

1）可燃性气体、蒸气浓度大于爆炸下限（LEL）的5%且不大于爆炸下限（LEL）的10%；

2）有毒有害气体、蒸气浓度大于《工作场所有害因素职业接触限值　第1部分：化学有害因素》GBZ 2.1规定限值的30%且不大于《工作场所有害因素职业接触限值　第1部分：化学有害因素》GBZ 2.1规定限值的100%；

3）作业过程中可能缺氧；

4）作业过程中可燃性或有毒有害气体、蒸气浓度可能突然升高。

（3）符合下列所有条件的环境为3级：

1）氧含量为19.5%～23.5%；

2）可燃性气体、蒸气浓度不大于爆炸下限（LEL）的5%；

3）有毒有害气体、蒸气浓度不大于《工作场所有害因素职业接触限值 第1部分：化学有害因素》GBZ 2.1规定的限值的30%；

4）作业过程中各种气体、蒸气浓度值保持稳定。

9.2　难点与解析

◎**工作难点1：** 有限空间作业未履行"作业审批制度"，未对施工人员进行专项安全教育培训，未执行"先通风、再检测、后作业"的原则。

解析

有些单位对有限空间作业疏于管理，对有限空间作业未履行"作业审批制度"，施工人员擅自进行有限空间作业，缺乏作业的安全监管；对施工人员未做专项安全教育培训，或者安全教育培训流于表面，施工人员未真正掌握必要的有限空间应急救援和抢救等相关知识；施工作业人员不按照"先通风、再检测、后作业"的原则作业，便不能确定作业空间内有毒有害气体和氧气浓度是否超标，如果不符合安全标准，且未进行通风、检测的情况下贸然作业，极大可能会造成中毒窒息事故。

应符合以下规定：

① 必须严格实行作业审批制度，严禁擅自进入有限空间作业。

② 必须做到"先通风、再检测、后作业"，严禁通风、检测不合格作业。

③ 必须配备个人防中毒窒息等防护装备，设置安全警示标识，严禁无防护监护措施作业。

④ 必须对作业人员进行安全培训，严禁教育培训不合格上岗作业。有限空间作业安全培训应至少包含以下内容：

a.有限空间作业安全相关法律法规；

b.有限空间作业事故案例分析；

c.有限空间作业安全管理要求；

d.有限空间作业危险有害因素和安全防范措施；

e.有限空间作业安全操作规程；

f.安全防护设备、个体防护装备及应急救援设备设施的正确使用；

g.紧急情况下的应急处置措施。

⑤ 必须制定应急措施，现场配备应急装备，严禁盲目施救。

◎**工作难点2：** 有限空间作业时现场未有专人负责监护工作。

解析

有限空间监护人，对受限空间作业人员的安全负有监督和保护的职责，如有限空间作业现场未有专人负责监护，将大大增加事故发生概率，发生中毒窒息事故。

1）应符合以下规定：

① 作业单位应按照有限空间作业方案，明确作业负责人、监护者、作业者及其安全职责。

② 从事地下有限空间作业的，监护者应按照有关规定，经培训考核合格，持证上岗作业。

③ 监护者应在有限空间外全程持续监护。

④ 监护者应能跟踪作业者作业过程，掌握检测数据，适时与作业者进行有效的信息沟通。

⑤ 发现异常时，监护者应立即向作业者发出撤离警报，并协助作业者逃生。

⑥ 监护者应防止未经许可的人员进入作业区域。

2）正确做法如图9-2所示。

图9-2 有限空间作业监护人全程监护示意图

第10章　装配式建筑安全管理难点与解析

10.1　装配式建筑简介

装配式建筑是由预制建筑构件组装成的建筑，这类建筑施工速度较快，生产成本低。经过人们的设计和改进，增加了灵活性与多样性，因此属于高级建筑。

按预制构件的形式和施工方法分为砌块建筑、板材建筑、盒式建筑、骨架板材建筑及升板升层建筑等五种类型。

（1）砌块建筑

它是用预制的块状材料砌成墙体的装配式建筑，适于建造3～5层建筑，如提高砌块强度或配置钢筋，还可适当增加层数。砌块建筑适应性强，生产工艺简单，施工简便，造价较低，还可利用地方材料和工业废料。建筑砌块有小型、中型、大型之分：小型砌块适于人工搬运和砌筑，工业化程度较低，灵活方便，使用较广；中型砌块可用小型机械吊装，可节省砌筑劳动力；大型砌块现已被预制大型板材所代替。

砌块有实心和空心两类，实心的较多采用轻质材料制成。砌块的接缝是保证砌体强度的重要环节，一般采用水泥砂浆砌筑，小型砌块还可用套接而不用砂浆的干砌法，可减少施工中的湿作业。有的砌块表面经过处理，可做清水墙。

（2）板材建筑

它是由预制的大型内外墙板、楼板和屋面板等板材装配而成，又称大板建筑。它是工业化体系建筑中全装配式建筑的主要类型。板材建筑可以减轻结构重量，提高劳动生产率，扩大建筑的使用面积和防震能力。板材建筑的内墙板多为钢筋混凝土的实心板或空心板；外墙板多为带有保温层的钢筋混凝土复合板，也可用轻骨料混凝土、泡沫混凝土或大孔混凝土等制成带有外饰面的墙板。建筑内的设备常采用集中的室内管道配件或盒式卫生间等，以提高装配化的程度。大板建筑的关键问题是节点设计。在结构上应保证构件连接的整体性（板材之间的连接方法主要有焊接、螺栓连接和后浇混凝土整体连接）。在防水构造上要妥善解决外墙板接缝的防水以及楼缝、角部的热工处理等问题。大板建筑的主要缺点是对建筑物造型和布局有较大的制约性；小开间横向承重的大板建筑内部分隔缺少灵活性（纵墙式、内柱式和大跨度楼板式的内部可灵活分隔）。

（3）盒式建筑

它是从板材建筑的基础上发展起来的一种装配式建筑。这种建筑工厂化的程度很高，现场安装速度快。一般不但在工厂完成盒子的结构部分，而且内部装修和设备也都安装好，甚至连家具、地毯等一概安装齐全。盒子吊装完成、接好管线后即可使用。盒式建筑的装配形式有：

1）全盒式，完全由承重盒子重叠组成建筑。

2）板材盒式，将小开间的厨房、卫生间或楼梯间等做成承重盒子，再与墙板和楼板等组成建筑。

3）核心体盒式，以承重的卫生间盒子作为核心体，四周再用楼板、墙板或骨架组成建筑。

4）骨架盒式，用轻质材料制成的许多住宅单元或单间式盒子，支承在承重骨架上形成建筑。也有用轻质材料制成包括设备和管道的卫生间盒子，安置在其他结构形式的建筑内。盒子建筑工业化程度较高，但投资大，运输不便，且需用重型吊装设备，因此，其发展受到限制。

（4）骨架板材建筑

它由预制的骨架和板材组成。其承重结构一般有两种形式：一种是由柱、梁组成承重框架，再搁置楼板和非承重的内外墙板的框架结构体系；另一种是柱子和楼板组成承重的板柱结构体系，内外墙板是非承重的。承重骨架一般多为重型的钢筋混凝土结构，也有采用钢和木做成骨架和板材组合，常用于轻型装配式建筑中。骨架板材建筑结构合理，可以减轻建筑物的自重，内部分隔灵活，适用于多层和高层的建筑。

钢筋混凝土框架结构体系的骨架板材建筑有全装配式、预制和现浇相结合的装配整体式两种。保证这类建筑的结构具有足够的刚度和整体性的关键是构件连接。柱与基础、柱与梁、梁与梁、梁与板等的节点连接，应根据结构的需要和施工条件，通过计算进行设计和选择。节点连接的方法，常见的有榫接法、焊接法、牛腿搁置法和留筋现浇成整体的叠合法等。

板柱结构体系的骨架板材建筑是方形或接近方形的预制楼板同预制柱子组合的结构系统。楼板多数为四角支在柱子上，也有在楼板接缝处留槽，从柱子预留孔中穿钢筋，张拉后灌注混凝土。

（5）升板升层建筑

它虽是板柱结构体系的一种，但施工方法却有所不同。这种建筑是在底层混凝土地面上重复浇筑各层楼板和屋面板，竖立预制钢筋混凝土柱子，以柱为导杆，用放在柱子上的油压千斤顶把楼板和屋面板提升到设计高度，加以固定。外墙可用砖墙、砌块墙、预制外墙板、轻质组合墙板或幕墙等；也可以在提升楼板时提升滑动模板、浇筑外墙。升板建筑施工时大量操作流程在地面进行，减少了高空作业和垂直运输，节约了模板和脚手架使用，并可减少占用施工现场面积。升板建筑多采用无梁楼板或双向密肋楼板，楼板同柱子连接节点常采用后浇柱帽或采用承重销、剪力块等无柱帽节点。升板建筑一般柱距较大，楼板承载力也较强，多用作商场、仓库、工厂和多层车库等。

升层建筑是在升板建筑每层的楼板还处于地面时先安装好内外预制墙体，然后一起提升的建筑。升层建筑可以加快施工速度，比较适用于场地受限制的地方。

10.2 难点与解析

10.2.1 构件生产运输

◎**工作难点1**：预制构件吊运中吊索具、吊点不符合要求。

解析

吊索具、吊点不符合要求，作业过程中致使构件滑落或倾覆，造成人员伤亡。

1）应符合以下规定：

① 应根据预制构件的形状、尺寸、重量和作业半径等要求选择吊具和起重设备，所采用的吊具和起重设备及其操作，应符合国家现行有关标准及产品应用技术手册的规定。

② 吊点数量、位置应经计算确定，应保证吊具连接可靠，应采取保证起重设备的主钩位置、吊具及构件重心在竖直方向上重合的措施。

③ 吊索水平夹角不宜小于60°，不应小于45°。

④ 应采用慢起、稳升、缓放的操作方式，吊运过程，应保持稳定，不得偏斜、摇摆和扭转，严禁吊装构件长时间悬停在空中。

⑤ 吊装大型构件、薄壁构件或形状复杂的构件时，应使用分配梁或分配桁架类吊具，并应采取避免构件变形和损伤的临时加固措施。

2）正确做法如图10-1所示。

(a) 垂直吊运

(b) 吊具连接可靠

(c) 吊运过程稳定不偏斜

(d) 吊索水平夹角不宜小于60°

(e) 分配梁吊具

图 10-1　预制构件吊运正确做法

◎**工作难点2：预制构件堆放不合理。**

解析

构件堆放时，支垫点不合理或存放方式不合理，致使构件产生死弯或缓变形。

1）应符合以下规定：

① 存放场地应平整、坚实，并应有排水措施。

② 存放库区宜实行分区管理和信息化台账管理。

③ 应按照产品品种、规格型号、检验状态分类存放，产品标识应明确、耐久，预埋吊件应朝上，标识应向外。

④ 应合理设置垫块支点位置，确保预制构件存放稳定，支点宜与起吊点位置一致。

⑤ 与清水混凝土面接触的垫块应采取防污染措施。

⑥ 预制构件多层叠放时，每层构件间的垫块应上下对齐；预制楼板、叠合板、阳台板和空调板等构件宜平放，叠放层数不宜超过6层；长期存放时，应采取措施控制预应力构件起拱值和叠合板翘曲变形。

⑦ 预制柱、梁等细长构件宜平放且用两块垫木支撑。

⑧ 预制内外墙板、挂板宜采用专用支架直立存放，支架应有足够的强度和刚度，薄弱构件、构件薄弱部位和门窗洞口应采取防止变形开裂的临时加固措施。

2）正确做法如图10-2所示。

◎**工作难点3：预制构件运输不满足要求。**

解析

预制构件运输不满足要求，运输车未根据构件类型设专用运输架，未采取可靠的稳定构件措施，以致构件在运输时受损，甚至引发安全事故。

应符合以下规定：

① 应根据预制构件种类采取可靠的固定措施。

② 对于超高、超宽、形状特殊的大型预制构件的运输和存放应制定专门的质量安全保证措施。

③ 运输时宜采取如下防护措施：设置柔性垫片避免预制构件边角部位或链索接触处的混凝土损伤；用塑料薄膜包裹垫块，避免预制构件外观污染；墙板门窗框、装饰表面和棱角采用塑料贴膜或其他措施防护；竖向薄壁构件设置临时防护支架；装箱运输时，箱内四周采用木材或柔性垫片填实，支撑牢固。

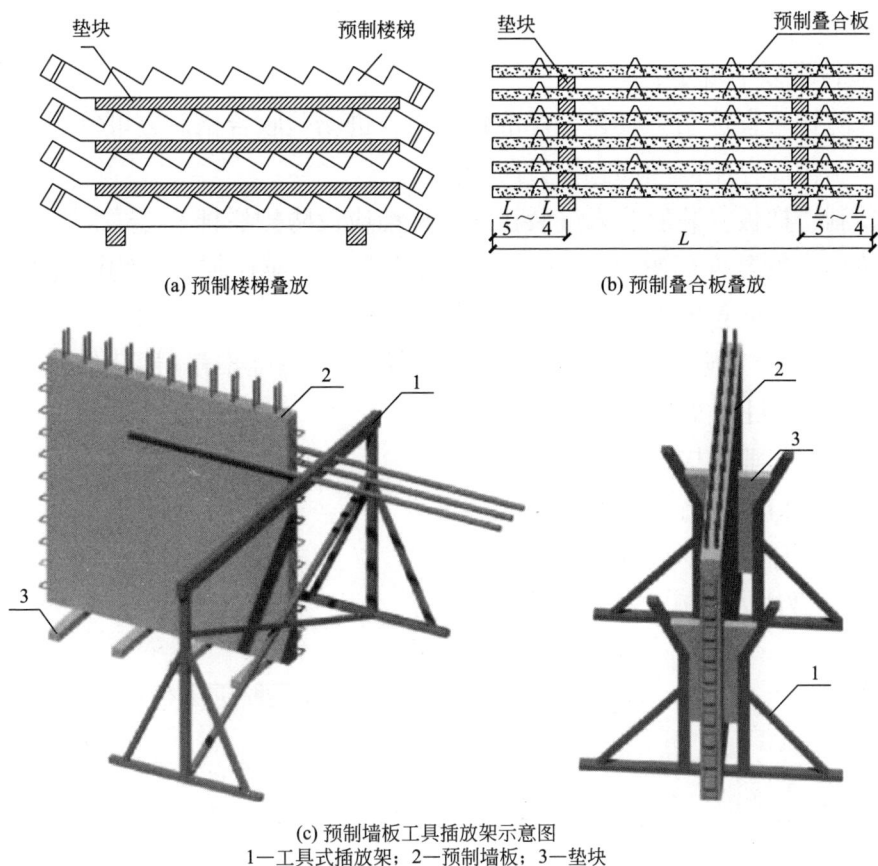

墙块　　　　　　　　预制楼梯

(a) 预制楼梯叠放

墙块　　　　　　　　预制叠合板

(b) 预制叠合板叠放

(c) 预制墙板工具插放架示意图
1—工具式插放架；2—预制墙板；3—垫块

图10-2　预制构件堆放正确做法

④ 应根据构件特点采用不同的运输方式，托架、靠放架、插放架应进行专门设计，进行强度、稳定性和刚度验算；外墙板宜采用立式运输，外饰面层应朝外，梁、板、楼梯、阳台宜采用水平运输；采用靠放架立式运输时，构件与地面倾斜角度宜大于80°，构件应对称靠放，每侧不大于2层，构件层间上部采用木垫块隔离；采用插放架直立运输时，应采取防止构件倾倒措施，构件之间应设置隔离垫块；水平运输时，预制梁、柱构件叠放不宜超过3层，板类构件叠放不宜超过6层。

10.2.2　构件施工安装

◎**工作难点：安全防护措施不到位。**

解析

安全防护措施不到位，没有根据具体情况采取可靠的防护措施，高空坠落的可能性会增大，严重威胁其人身安全。

1）应符合以下规定：

① 外防护架宜选用工具化、标准化产品，进场验收合格后方可使用。

② 预制构件存放区四周宜设置防护栏杆。

③ 预制楼梯板安装后、未安装正式栏杆前应设防护栏杆。

④ 坠落高度基准面2m及以上进行临边作业时，应在临空一侧设置防护栏杆，并应采用密目式安全立网或工具式栏板封闭。

⑤ 尚未安装栏板的阳台、无女儿墙的屋面周边、框架楼层周边，应设置防护栏杆，并张挂密目式安全立网。

⑥ 脚手架作业层应设置防护栏杆。

⑦ 室内洞口应进行有效防护。

⑧ 防护栏杆高度不应低于1.2m。

2）正确做法如图10-3所示。

(a) 安全防坠器

(b) 工具式临边防护

图10-3　预制构件安装防护措施正确做法（一）

(c) 吊装脱钩使用专用梯子

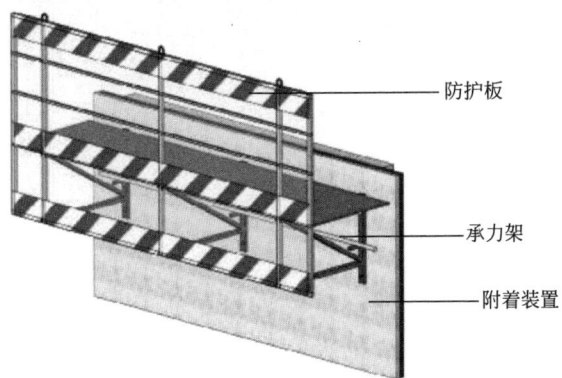

防护板

承力架

附着装置

(d) 工具式外防护架

图 10-3　预制构件安装防护措施正确做法（二）

创 新 篇

第11章 智慧工地建设

11.1 基础知识

建筑行业作为国民经济的支柱产业,有力支撑了我国经济持续健康发展,但建筑行业属于劳动密集型产业,生产方式仍比较粗放,距离高质量发展的要求还有较长的路要走。在信息化高速发展的大背景下,智慧工地建设已势在必行,智慧工地是智慧建造在工程建设的具体应用,是施工现场一体化管理的崭新模式,是从各方面大力推进先进制造设备、智能设备及智慧工地相关装备的研发、制造和推广应用,提升各类施工机具的性能和效率,提高机械化施工程度。加快传感器、高速移动通信、无线射频、近场通信及二维码识别等建筑物联网技术应用推广,提升数据资源利用水平和信息服务能力,从而有效促进建筑工程生产质量提升,实现施工现场更安全、高效、绿色管理。2020年7月3日,住房和城乡建设部等部门联合发布的《关于推动智能建造与建筑工业化协同发展的指导意见》中明确提出了推动智能建造与建筑工业化协同发展的指导思想、基本原则、发展目标、重点任务和保障措施。

11.2 智慧工地建设建议做法

11.2.1 智慧管理

(1)开发自主智慧管理平台:智慧管理平台集成人员、机械设备、物料、环境、能耗、视频监控、质量、安全、进度等智慧管理信息系统,对人员、机械设备、物料、环境、能耗、视频监控、质量、安全、进度等管理内容可通过移动端和PC端进行操作实施,如图11-1所示。

(2)施工现场采用信息系统实施人员实名制管理,通过安装身份识别(人脸、指纹、虹膜、手机NFC或其他生物特征)设备采集人员信息,实现持卡门禁、考勤、访客、就餐、消费、违规、签到、节水等应用，简化劳务用工管理，建立工人用工记录系统，减少劳资纠纷，如图11-2所示。

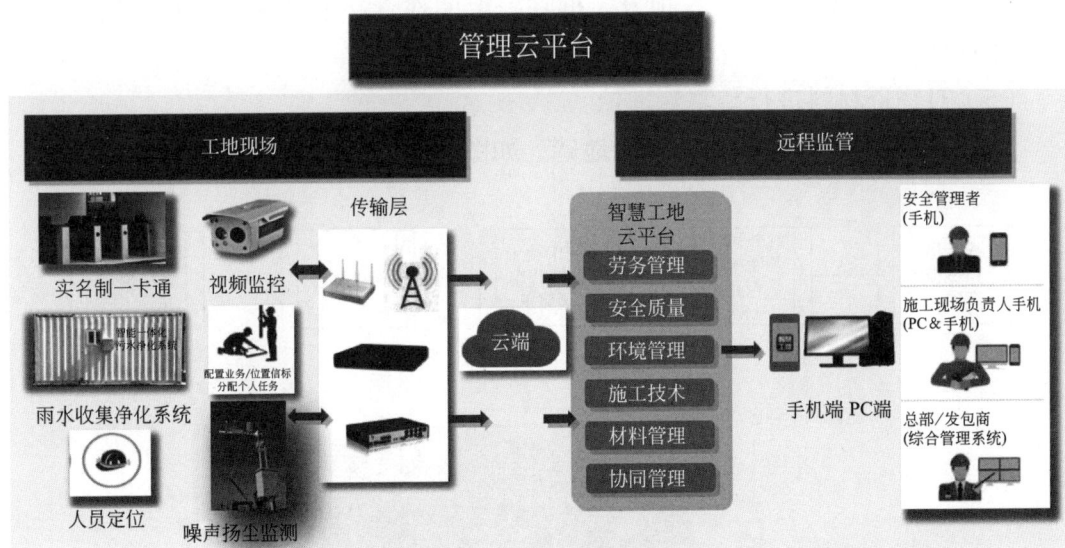

图 11-1　智慧管理平台示意图

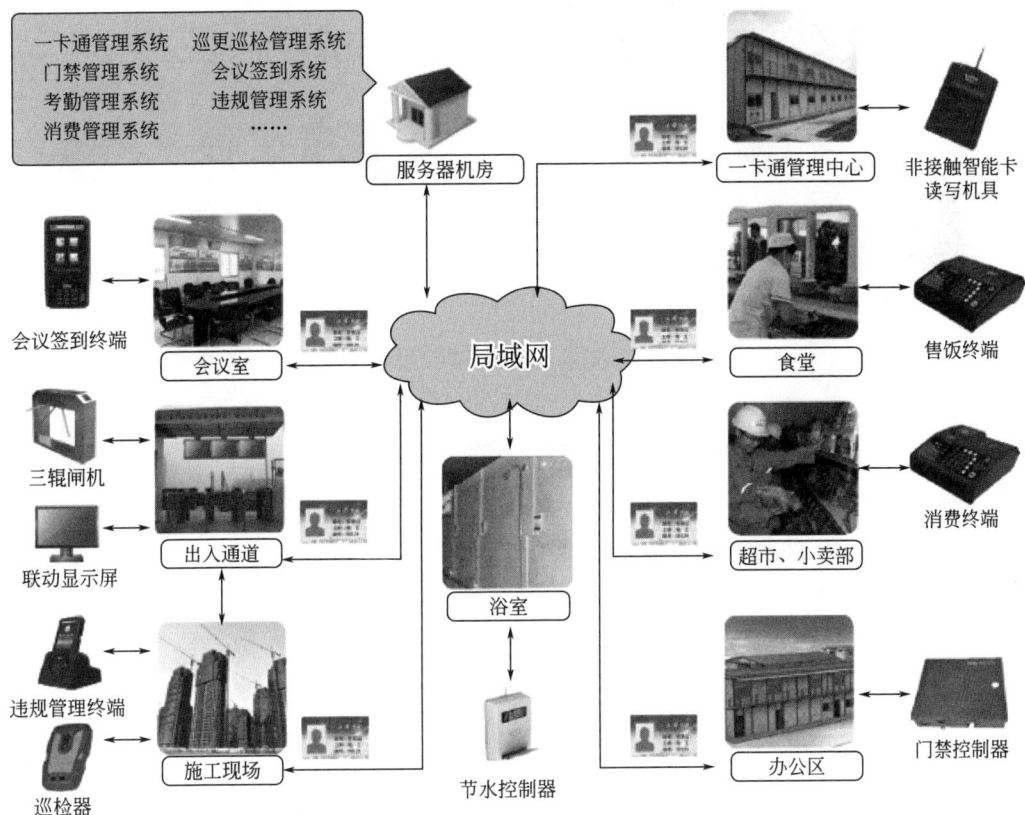

图 11-2　实名制信息系统示意图

（3）应用信息化系统对劳务人员进行考勤、薪资、培训教育、疫苗接种等管理。

（4）对塔式起重机安装、顶升、拆除、定期检查、维修保养等基本信息进行信息化管理。

（5）对物资材料进行智慧管理：

1）现场出入口安装、使用智能地磅，如图11-3所示。

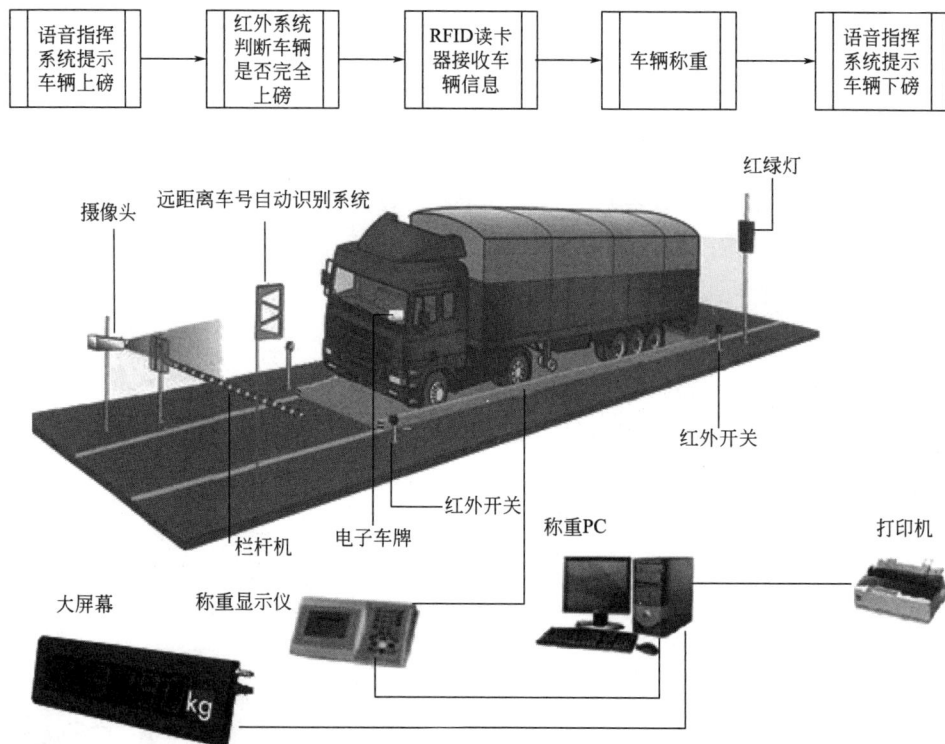

图11-3 智能地磅示意图

2）采用二维码、射频芯片等技术对钢筋、混凝土、装配式构件等影响结构安全或主要使用功能的物资材料出入库、跟踪、退场、使用进行可追溯管理。

（6）对水、电进行智慧管理：使用智能水表、电表实时监测办公区、生活区、施工区用水、用电，为项目节水、节电管理提供数据支撑，如图11-4所示。

（7）对施工现场建筑垃圾进行智慧管理：用信息化措施记录施工现场建筑垃圾的产生量、回收量、排放量。

（8）施工现场采用可视化管理：通过视频监控设备对施工作业区、生活区、材料堆放区、班前教育区等关键区域进行实时查看和记录。

（9）对施工进度进行智慧管理：项目计划进度与实际进度可自动对比，并通

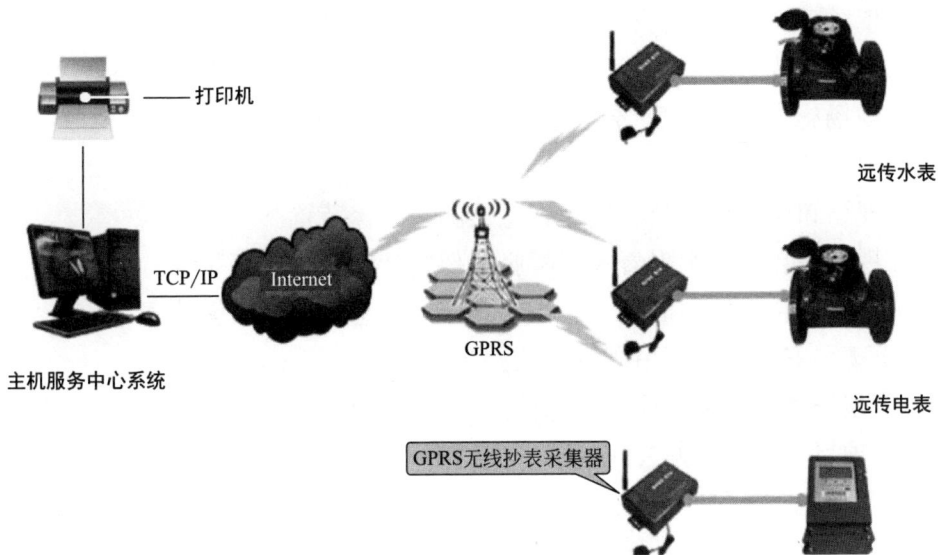

图 11-4 智能水、电管理示意图

过BIM模型进行可视化展示。

（10）实行工程施工资料电子化管理。

（11）建立技术标准、规范数据库：建立满足项目建设需要的技术标准、规范的电子档案数据库。

（12）对可移动机械设备进行智慧管理：

1）对混凝土罐车进行GPS定位；

2）对曲臂作业车、汽车式起重机、叉车、对电动三（四）轮车进行规范化管理等。

（13）对地铁盾构施工进行智慧管理：项目安装并使用盾构运行监控系统。

（14）对盾构管片进行智慧验收管理：项目采用二维码、无线射频等物联网技术对盾构管片进行验收，实现可溯源管理。

（15）其他智慧管理方式方法。

11.2.2　智慧创安

（1）在危险区域或有毒有害环境推行"机械化换人、自动化减人"，应用智能装备进行施工作业或巡检。

（2）现场安全质量技术等管理人员使用具备定位、语音对讲、视频交互、自动AI识别等有效功能智能安全帽开展工作。

（3）塔式起重机安装智能监控装置：现场安装、使用塔式起重机安全智能监控系统，具备群塔防碰撞、塔式起重机运行数据监测、自动报警等功能。

（4）现场塔式起重机安装、使用吊钩可视化监测系统。

（5）现场安装、使用龙门吊智慧监测装置。

（6）现场施工升降机安装、使用安全监控报警智能设备，具备驾驶员人脸识别及人员限载等预警功能。

（7）现场卸料平台安装、使用智慧监测与报警装置。

（8）现场安装、使用附着式升降脚手架智慧监测与报警装置。

（9）现场安装、使用混凝土模板支撑体系智慧监测与报警装置。

（10）现场安装、使用吊篮智慧监测与报警装置。

（11）现场基坑安装、使用智慧监测装置，并具备远程传输及报警功能。

（12）项目生活区、办公区安装、使用电气火灾监控报警装置。

（13）现场安装、使用配电箱安全管理系统，可以实时显示电量、电压、电流等数据，对超标数据进行预警和记录，对漏电、温度异常及时报警。

（14）现场使用工具式防护栏杆。

（15）项目使用移动终端对施工安全风险及隐患进行巡检及管理。

（16）项目对人员穿戴安全帽、安全带、防护服、人员进入危险区域、现场明火、人员吸烟等安全隐患及现场问题通过智能手段（如智能监控）进行自动识别。

（17）运用体检设备对新入场人员进行血压、血糖、体温、血氧等身体指标检测。

（18）开挖前，使用电子设备对地下管线实施探测，可以探明地下管线的埋深、方位、走向。

（19）采用三维模拟现实方式对现场作业人员开展安全培训教育。

11.2.3 智慧提质

（1）项目使用移动终端对施工质量进行管理。

（2）工程关键工序采取可视化追溯管理。

（3）隐蔽工程全程留存视频影像资料。

（4）对混凝土温度进行智慧监测：布置混凝土温度传感器，实现混凝土温度数据实时传输。

（5）对混凝土试块进行信息化管理：实现实时监测标养室温度、湿度，对混凝土试块到达养护龄期的进行预提醒。

（6）应用信息化手段辅助工程质量实测实量：项目采用三维激光扫描仪、智能靠尺、智能角尺、智能回弹检测仪、智能水平仪等智能设备进行工程质量实测实量，实时生成检测结果。

（7）应用BIM技术辅助工程质量管理：项目应用BIM技术开展三维可视化交底、工艺模拟、碰撞检查、质量问题挂接模型等辅助质量管理。

（8）应用可视化装备辅助质量管理：项目采用VR、AR设备或高清摄像头（40倍及以上）等可视化装备，辅助质量管理。

11.2.4　智慧增绿

（1）实施扬尘在线视频监控：项目现场安装、使用扬尘在线视频监控装置。

（2）对空气颗粒物进行实时监测：项目现场安装、使用空气颗粒物监测设备，实时采集现场扬尘数据。

（3）采用喷淋系统洒水降尘：项目安装、使用喷淋系统，并可远程控制喷淋系统。

（4）对现场非道路移动机械及运渣车进行智慧管理：项目现场非道路移动机械加装使用污染控制装置、办理编码登记并与监控平台共享信息，运渣车安装使用定位监测装置。

（5）对渣土运输车辆进出场进行智慧管理：现场出入口安装、使用高压洗车台及车辆号牌识别系统，对车身覆盖及车辆清洗进行监控预警。

（6）明挖基坑安装、使用电动绿网防尘天幕。

（7）施工现场的建筑垃圾采取减量化管理和再生资源化处置方式。

（8）施工现场使用生物质可降解防尘网。

（9）明挖或暗挖基坑使用防尘隔离棚。

（10）实行绿植绿化景观做法：开展施工现场"满眼绿"工程建设，施工现场除通行道路、作业面、加工堆料场地、临时设施外，基本采取绿植绿化景观代替防尘覆盖等措施。

（11）现场电焊施工使用移动式焊接烟尘净化器。

（12）对项目建设过程进行碳计量。

11.2.5　智慧创卫

（1）现场采用智慧化手段进行封闭式管理：施工现场采用电子围栏、闸机、AI摄像头等方式对施工现场进行人员、车辆管理。

（2）现场使用装配式临建房。

（3）生活区采用物业化智慧管理：项目委托专业物业管理机构对生活区进行物业化智慧管理。

（4）生活区严格按要求对垃圾进行分类管理：项目生活区垃圾管理符合垃圾分类管理要求，如：配备分类垃圾箱、开展垃圾分类教育并做相关记录、设置垃圾分类宣传栏等。

（5）卫生间污水经化粪池处理达标，并按要求排放，安装使用污水处理设备设施，减少对周边环境污染的智慧化管理方式。

（6）食堂设置隔油池，污水经隔油处理达标后排放。

（7）食品食材采用可追溯管理。

11.2.6　智能建造

（1）项目设立智能建造管理机构，并有明确的职责分工。

（2）应用BIM技术辅助工程建造：在深化设计、加工生产、施工过程中，应用BIM技术。

（3）应用物联网技术辅助工程建造：项目在建造过程中应用5G或二维码、无线射频等物联网技术。

（4）应用建筑机器人：在加工生产、施工过程中应用焊接、抹灰、放样、钢筋加工、模板加工、搬运、砌砖、喷涂等建筑机器人，如图11-5所示。

(a) 抹灰机器人

(b) 放线机器人

(c) 墙砖铺砖机器人

(d) 地砖铺砖机器人

图11-5　智能建筑机器人示意图（一）

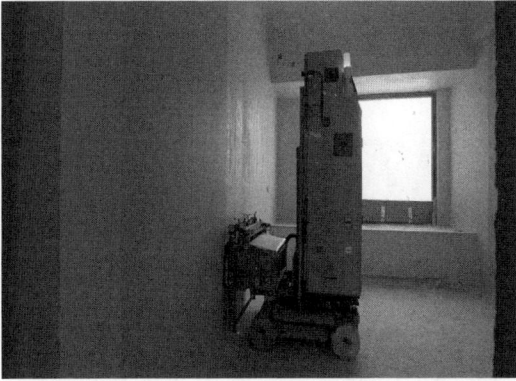 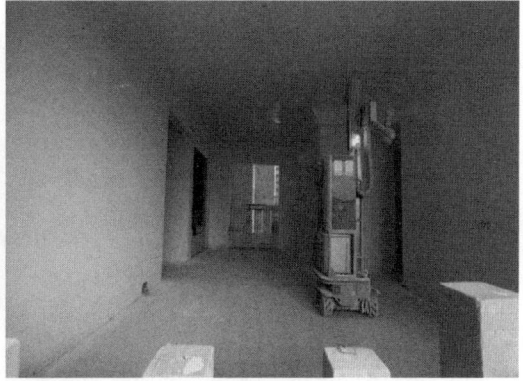

(e) 喷涂机器人

(f) 运输机器人

(g) 砌砖机器人　　　　　　　　　　　　　　　　(h) 室内清洁机器人

图11-5　智能建筑机器人示意图（二）

　　（5）装配式建筑项目应用建筑产业互联网平台：通过平台对装配式建筑部品部件设计、生产、运输、安装、运维、技术服务等进行全过程管理。

　　（6）钢结构构件、预制混凝土构件应用智能化方式生产：部品部件采用模型出图、数字化加工。

（7）能够提供建筑物可视化模型：项目通过三维可视化BIM模型，展示建筑物水、电管线敷设情况及建筑物效果，如图11-6所示。

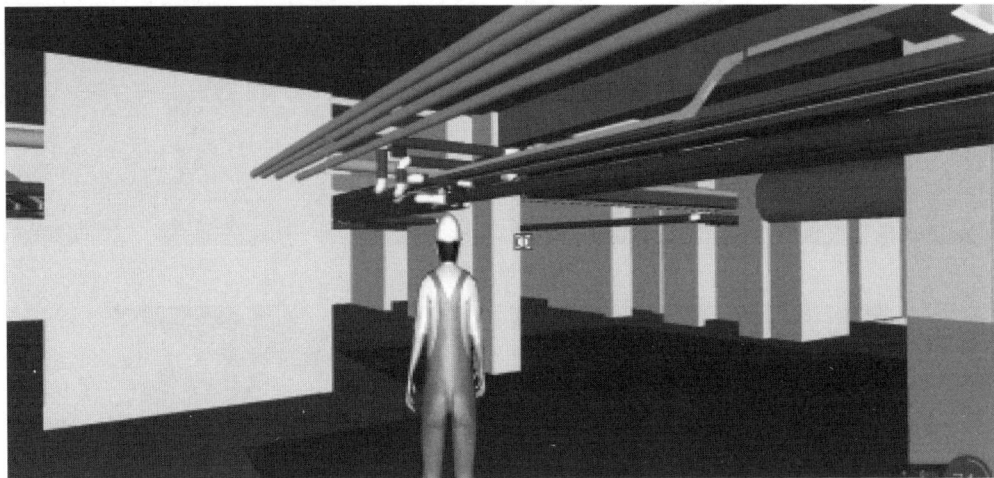

图 11-6　BIM 技术在建筑领域应用示意图